モンゴル国の環境と水資源

―― ウランバートル市の水事情 ――

佐藤　寛 著

成文堂

大草原の中のゲル

撮影：2011年5月13日

大草原の中を蕩々と流れるトーラ川

撮影：2011年5月13日

上流水源

撮影：2014年8月27日

清冽な水と汚水の合流するトーラ川

撮影：2015年9月6日

トーラ川の汚染

撮影：2014年8月25日

山すそに広がる住宅

撮影：2014年8月24日

No.325 給水所(us tugeekh gazar)

撮影:2015年9月6日

水を運ぶ少年

撮影:2014年8月24日

発刊を祝して

　モンゴル国と聞いて日本人は何をイメージするであろうか。多くの人は『蒼き狼』（井上靖）、『草原の記』（司馬遼太郎）、『世界を創った男チンギス・ハン』（堺屋太一）などの小説を思い起こし、どこまでも続く大草原と蒼穹の空、点在するゲル、のんびりと草を食む羊の群れ、疾駆する馬、遊牧民族の文化と草原の国こそが、モンゴル国で、緑あふれる自然と共生する遊牧民の世界を思い描くのではないだろうか。

　しかし、モンゴル国は遊牧社会と草原の国というだけでなく、天然・自然資源にあふれる豊かな国でもあり、これらを活用した市場経済化により、急激な発展を今日では遂げ、今や深刻な環境問題を抱えている。観光・鉱物資源開発の犠牲になった草原や、かつての調和を喪失し存続の危機にある遊牧地域をはじめ、首都ウランバートル市も過度な人口集中化などにより、深刻な環境汚染・交通渋滞を引き起こし、都市の持続可能性の問題に直面している状況にある。

　こうした状況に直面するモンゴル国に対して、日本人は何ができるのであろうか。思い起こしてほしいのは、東日本大震災に直面した我が国に差し伸べられた、モンゴル国官民の、特に同国の名も知れない人々からの心温まる支援の数々である。

　モンゴル国政府は、災害が起きた日の翌日（3月12日）が休日だったにもかかわらず臨時閣議を開催し、100万USD及び支援物資、更には、緊急援助隊の派遣などを決定した。また、モンゴル赤十字社が12日から寄付を集める活動を行い、半月の内に6万3千人が寄付をした。36キロ離れたところまで、馬で行って寄付を集めてくれた人もいる。また、一か月の年金を全額寄付した87歳の高齢者もいる。3月24日、ダルハン市を別件にて訪問した私は急遽孤児院に招待され、その場で、孤児院の子供達が数日前に開いたささやかなコンサートの売上金を全額寄付したいとの申し出を受け、感激の

余り涙を流しつつ寄付金を受け取ったこともあった。これは90年代に、モンゴル国が社会主義から民主・市場経済化に移行する際に困難な状況に直面した時、日本からの援助を受けた恩をモンゴル国民がいつかお返ししたいとの思いを忘れてはいなかったということの表れであると理解している。

　日本は公害先進国として、高度経済成長期に4大公害に直面し、それを克服すべく努力をしてきた経験を持つ。こうした貴重な経験は、モンゴル国が直面する深刻な環境問題解決の糸口を提示できるのではないだろうか。

　そのような思いを持つ中で、著者から『モンゴル国の環境と水資源――ウランバートル市の水事情――』上梓のお話を聞き、時宜を得た試みであると強く感じた次第である。

　著者は、専門の環境社会学の視点から、多年にわたりモンゴル国との学術交流に取り組み、同国の環境問題の現場についても丹念に踏査し、その課題解決策を模索している。

　こうした著者により編まれた本書は、モンゴル国の水資源や水道水源の現状と課題、さらには、モンゴル国内屈指の河川であるトーラ川汚染の実態などをフィールドワークに基づいて詳述し、モンゴル国の水資源と環境問題の全般を俯瞰できる内容となっており貴重な書籍として、ここに推薦申し上げる次第である。

　本書を通じて、モンゴル国の抱える水資源と環境問題への関心が我が国において高まっていくことを期待している。

2017年3月

元駐モンゴル国特命全権大使

名古屋大学特任教授

城　所　卓　雄

目　　次

発刊を祝して ……………………………………………………………………… i

第1章　モンゴル国の現在 …………………………………………………… 1
1　地球の水 ……………………………………………………………… 1
2　モンゴル国 …………………………………………………………… 3

第2章　モンゴル国の環境と水資源
──ウランバートル市の水事情── ………………………… 7
1　はじめに ……………………………………………………………… 7
2　モンゴル国の自然環境と水資源 …………………………………… 7
　(1)　自然環境概要 ……………………………………………………… 7
　(2)　水資源概要 ………………………………………………………… 9
3　首都ウランバートル市の水事情 …………………………………… 10
4　おわりに ……………………………………………………………… 16

第3章　ウランバートル市と熊本市の水道の比較 ……………………… 21
1　はじめに ……………………………………………………………… 21
2　ウランバートル市の水事情 ………………………………………… 21
　(1)　水を運ぶ少年 ……………………………………………………… 21
　(2)　ウランバートル市の水道水源地 ………………………………… 25
　(3)　ウランバートル市水道の今後の課題 …………………………… 29
3　熊本流域の地下水循環システム …………………………………… 30
　(1)　熊本県の水と地下水 ……………………………………………… 30
　(2)　熊本流域の地下水システム ……………………………………… 31
　(3)　市民の大切な宝物「健軍水源地」………………………………… 34
4　熊本流域の地下水保全への対応 …………………………………… 37

(1) 地下水涵養減少と対策 ………………………………………… 37
　　　(2) 熊本地域における地下水水質の現状と対策 ………………… 40
　　5　おわりに ……………………………………………………………… 42

第4章　ウランバートル市の新水源地開発 …………………… 46
　　1　はじめに ……………………………………………………………… 46
　　2　モンゴル国の飲用水不足の問題と水の価格 ……………………… 46
　　　(1) 水源開発の背景 ………………………………………………… 46
　　　(2) ウランバートル市の水使用量と料金 ………………………… 48
　　　(3) 水価格の不合理 ………………………………………………… 49
　　3　新団地建設と飲料水施設
　　　　──ヤールマグ水源地とブーヤント・ウハー水源地── ……… 49
　　　(1) ヤールマグ（Yarmag）水源地 ………………………………… 50
　　　(2) ブーヤント・ウハー（Buyant-ukhaa）水源地 ……………… 51
　　4　ガッチョルト水源地概要 …………………………………………… 55
　　5　おわりに ……………………………………………………………… 60

第5章　ウランバートル市の都市開発と
　　　　　ガッチョルト水源地開発 …………………………………… 63
　　1　はじめに ……………………………………………………………… 63
　　2　ウランバートル市の都市開発 ……………………………………… 63
　　　(1) ウランバートル市の都市開発 ………………………………… 63
　　　(2) 下水処理場の現状と課題 ……………………………………… 65
　　3　ガッチョルト（Gachuurt）水源地開発 …………………………… 70
　　　(1) ウランバートル市の水源地開発 ……………………………… 70
　　　(2) ガッチョルト村の開発と水資源 ……………………………… 72
　　4　おわりに ……………………………………………………………… 78

第6章　モンゴル国の水環境
　　　　──ウランバートル市の中央下水処理場── ················ *82*
　1　はじめに ··· *82*
　2　ウランバートル市の水概要と中央下水処理場 ············· *82*
　　⑴　ウランバートル市の水の概要 ································ *82*
　　⑵　中央下水処理場の変遷 ··· *84*
　　⑶　中央下水処理場の現状 ··· *86*
　　⑷　中央下水処理場の課題 ··· *90*
　3　ウランバートル市内のトーラ川汚染 ························· *91*
　4　おわりに ·· *95*

第7章　モンゴル国　トーラ川の汚染の実態
　　　　──ウランバートル市のソンギノキャンプ（Couwor aupaum）
　　　　場周辺を中心に── ·· *99*
　1　はじめに ··· *99*
　2　ウランバートル市の水資源とトーラ川 ···················· *100*
　3　トーラ川の汚染 ··· *103*
　　⑴　トーラ川の汚染状況 ·· *103*
　　⑵　トーラ川汚染対策の取り組み ····························· *111*
　4　おわりに ·· *113*

第8章　モンゴル国の経済開発と河川汚染の問題 ············ *116*
　1　はじめに ·· *116*
　2　鉱山採掘により汚染されている河川の現状 ·············· *117*
　　⑴　オルホン川 ·· *120*
　　⑵　フデル川 ··· *123*
　　⑶　ガンガ湖 ··· *125*
　3　モンゴル政府の対策と今後の課題 ·························· *127*
　4　おわりに ·· *129*

あとがき ……………………………………………………………… *134*
初出一覧 ……………………………………………………………… *136*
資料　水案内（ウランバートル市：水道管理局）……………… *137*

第1章　モンゴル国の現在

1　地球の水

　地球にはおよそ14億Km^3の水が存在するといわれている。この水は全地球を取り囲むように循環している。大気中に存在する水、海洋に存在する水、北極・南極に氷河として存在する水、陸上に存在する水、地下に存在する水など様々な状態で存在している。しかし、これらの水は万民や地上の動植物に公平に配分されるわけではない。水事情は地域や国によって大きな相違が生ずる。赤道を境に北半球と南半球では気象の影響もあって降水量が大きく異なり雨量が多い地域と少ない地域では必然的にその水の事情は異なるのが現状である。

　『日本の水資源』（平成26年度版）によれば、国連食糧農業機関（FAO）のデータでは2006年頃の世界の水使用量は年間で約3,902Km^3で、このうち農業用水が2,703Km^3（全体の69％）、工業用水731Km^3（同19％）、生活用水468Km^3（同12％）である。地球全体で日々増加する人口や経済成長と相まって水の需要は益々増加傾向にある。

　世界の人口は2013年時点で71億6,200万人、2017年74億、2025年には81億人、2050年には97億人、さらに2100年には、112億人に達するものと推計される。また、世界の都市人口も年を重ねるごとに増加傾向にあり、2009年時には34億人、2050年には63億人と増加することが予想されている。今後人口増加に伴い、食糧生産や工業品生産などとも相まって水の需要は増加傾向にあるといえる。水は貴重な資源であると同時に生命維持になくてはならない存在である。

　地球は「水の惑星」といわれる。地球の表面の3分の2は水で覆われ、そ

のほとんどが海水で約97.5％を占めている。そして淡水は約2.5％であり、そのほとんどが北極と南極の氷山や氷河である。地上に棲息する動植物が使用している水は、地表水や地下水を含めると0.01％に過ぎない。この僅少の水が地上に棲む動植物の命の水である。地上の動植物の生存のための水、そして70億以上の人々の生活や食糧生産のための水である。

水で覆われている地球でありながら淡水の量は意外と少ない量である。世界の水資源の使用量の約3分の2は灌漑用水に使用され、食糧生産など農業に用いられている。近年、これらの農業用水を十分に得られない状況が世界各地で起きている。国連の発表によれば、2050年までに農業用水の使用量を19％増加させる必要があるとの見通しである。しかし、これらの増加率の半分の農業用水を得ることが難しい状況下にある。

例えば、中国は近年の経済成長に伴い工業用水の需要が著しく増加し、農業への水配分が不足し、灌漑用水に深刻な水不足状態をもたらしている。また、地下水枯れの続くアメリカやインドにおいても十分な農業用水が得られず、従来の食糧生産量を維持することが不可能な状態になりつつある。また、世界の中でもアジア・アフリカをはじめ安全で安心な水を手に入れることのできない人々が世界で約7億8,000万人おり、衛生的なトイレの設備を使用できない人々が約25億人に及ぶといわれている。水事情は世界の地域や国によって大きな相違が生ずる。雨量が多い国と少ない国では必然的にその水の事情は異なるのが現状である。

21世紀は水の世紀といわれ、最近では水の話題が多い。特に、地球温暖化の影響ともいわれる中、世界の各地域が大干ばつに見舞われ農作物の生産や日常生活にも大きな被害が出ている。また一方において、過去に経験の無い大量の降雨に見舞われ大洪水やゲリラ豪雨等による甚大な被害を受けるなど世界各地に大きな痕跡を残している。

2014年の夏は過去に経験がないほどの短期集中の大雨に見舞われ、日本列島においても洪水や土砂災害が発生し、特に広島市では大雨により、甚大な被害を受けた。また、2016年は台風が多発し、東北や北海道など日本列

島に大きな被害を与えた。特に、北海道は平年時には台風の影響が少ない地方であるが、過去に類を見ないほど被害に見舞われ、農産物に多くの被害を与えた。

　水は人類にとって欠かすことのできない存在であり、水との長い付き合いの中で今日まで生命の維持や文明、科学、産業などの各分野を育んできた。そして、先人たちは水との闘いを繰り返し、干ばつや洪水に挑んできた歴史がある。水は多くても少なくても問題である。水問題は人類の永遠の課題でもある。

　世界保健機関（WHO）の発表によれば、世界の先進国の都市部で安全で衛生的な水道水を蛇口から直接使用可能なのは約80%である。先進国においてはその普及率は高く、日本全体の水道普及率は97.6%である。また都市部においては100%に達している。一方、発展途上国の水事情は先進国の水事情とは大きく異なる。

2　モンゴル国

　モンゴル国は北東アジアに位置し、中国とロシアの二大国に挟まれた内陸国で、約160万平方キロメートルの広大な国土で、世界有数の鉱物資源大国で、主な産業は鉱業や軽工業、そして伝統的な牧畜産業等が盛んである。

　モンゴル国の人口は2015年1月24日に300万人の大台を超え、記念すべき日を迎えた。1962年10月に100万人、1988年7月11日に200万人で、300万人を超えるのに27年の歳月を要した。300万人目の子ども（女の子）にMongoljin（モンゴル人という意味）という名前を付け、当日誕生した181人の子どもに、モンゴル族の祖先と言われている蒼き狼と白き牝鹿が彫刻された鈴（子どもの靴につける鈴）と紋章と大統領の印章を刻んだ記念品が贈呈されたと報道されている。

　モンゴル国は大草原と砂漠の国という印象が強い。地理的に国内を大きく分ければ北部と中央部そして南部に分けられる。それぞれ地形や気候などは

自然的要素に大きな相違がある。北部の西側地区にはシベリアタイガ林の大森林地帯が連なり、中央部はモンゴル国を象徴する広大な草原帯（ステップ）があり、南部には砂漠性草原帯が広がる。

気候条件は大陸性気候であり温度差が激しく厳冬期は－30℃を超える程厳しい気候である。そして雨が少なく砂漠やステップ草原が国土の大半を占める。このような状況下において農業を営むことは困難であるがために牧畜が盛んになった所以である。

モンゴル国は社会主義国の経済相互援助会議（COMECON）の加盟国の一員として約70年間社会主義国であった。この間ソ連の影響下において科学技術や資金援助によって、国内の産業育成や社会インフラの整備が行われ安定した社会が築かれていた。ソビエトのペレストロイカの影響により、モンゴル国は、人民革命党による一党独裁から複数の政党制を導入し事実上の社会主義を放棄し、1991年にソ連の崩壊が起こり、1992年「モンゴル共和国」から「モンゴル国」と国名を改称。憲法改正を行い新生「モンゴル国」がスタートした。社会主義体制を放棄して自由主義経済体制へと改変した。この改革により民主化の導入と、経済は計画経済から市場経済へと移行した。市場経済移行後は、新たな市場経済システムが導入され当初は幾つかの戸惑いと混乱が散見されたものの民主化と市場経済は確実に国民の中に浸透していった。当時は、社会混乱を招き経済は低成長ではあったが各国の経済支援や国際通貨基金（IMF）の資金援助などによって徐々に経済成長率がプラスに転じてきた。

筆者は、市場経済導入後の1996年にモンゴル国の首都ウランバートル市において国際シンポジウム参加のために一週間滞在したことがある。国際シンポジウム（於：国立モンゴル大学）では「日本の高度経済における公害問題」をテーマに発表を行った。日本の四大公害を中心として「水俣病」や「四日市公害」等を中心に行った。発表時に国際シンポジウム参加者の中の一部の学者・専門家等からは工場から廃水・排水されたメチル水銀中毒によって海水が汚染され、その水によって海魚が奇形魚になるという存在の理解がなか

なか得られなかったことが想い出される。

　当時は「草原の国」一色で、ウランバートル市内の発電所からの煙が立ち上っていたのが印象的であった。市内は交通渋滞などなく交通車両もまばらな状態であり、交差点では婦人警察官が手信号で交通整理を行い、道路の横断も簡単に行うことができた。また、水資源の問題でウランバートル市近郊にダム建設が予定されたが環境保全の関係から住民投票で否決されたことを聞き市民の環境への意識の高さが伺えた。将来は、モンゴル国といえども市場経済導入後は経済・産業の生産性の向上などにより、より一層の経済活性化が加速し、その反面環境への負荷を避けて通る事は難しいものと思いつつ帰国したことが記憶にある。

　市場経済が活発になるに従い、幾つかの問題も浮き彫りになってきた。その中でも環境問題はモンゴル国の大きな課題の一つである。現在においては国内の経済活性化や近年の地球温暖化などの影響によって自然環境への影響が随所に見られる。モンゴル国における環境問題は多岐にわたっているといえる。大気汚染、廃棄物、水質汚濁、首都への一極集中、エネルギー問題、水資源、都市環境問題などは首都ウランバートル市が抱える課題でもある。「草原の国」のイメージから想像し難いが、これらの環境に関する問題は確実に打ち寄せているといえる。

　例えば、都市環境問題の一つとして交通事情を見れば一目瞭然である。朝の出勤ラッシュ時の自動車による交通渋滞は先進国となんら変わらない。自動車から排出される大量の排ガス、そして粉塵、火力発電所からの煤煙、また冬季は暖房による石炭の燃焼からの煙が、より一層大気汚染に拍車をかける。大気汚染は深刻な問題でウランバートル市のみならずエルデネット市、ムルン市、ウラーンゴム市等の地方都市にも広がっている。

　経済面については、近年驚異的な経済発展を続けている。伝統的な産業である牧畜産業のカシミアや皮製品の生産は順調に伸び、そしてモンゴル経済の牽引役の鉱山資源である石炭、ウラン、金、レアメタル等の輸出が好調で経済が拡大している。

2004年から2008年までは毎年約9％の経済発展を為した。2010年は世界の経済が回復し鉱物資源価格も安定した。特に、オユドルゴイ鉱山開発がモンゴル経済発展に貢献し、2011年は17.3％と驚異的な発展を遂げ世界有数の成長を為した。さらに2012年に欧州財政危機や国際不況で経済成長は前年度より減速しものの、2014年には7.8％の経済成長率であった。

　近年、モンゴル国は驚異的な経済発展において、工業用水や都市用水、生活用水等の水の需要が増大し将来水不足が懸念されている。首都ウランバートル市は、人口約131万人の都市で、モンゴル国の政治、経済の中心地でモンゴル国の全人口の約半数近くが暮らす一極集中都市である。近年の経済発展で水の需要が増加し工業用水や都市用水、生活用水等の水が将来不足すると推測され新たな課題として懸念されている。そして、水の課題の一つに市内を流れる大河トーラ川の汚染問題が市民から強く懸念されている。

第2章　モンゴル国の環境と水資源
―― ウランバートル市の水事情 ――

1　はじめに

　2011（平成23）年の5月に首都ウランバートル市を訪ねた。今回の訪問の目的はモンゴル国における上場企業に対する「モンゴル国の環境と企業行動」に関するアンケートの実施である。そして、もう一つは、ウランバートル市の水環境事情の調査である。特に、ウランバートル市の水資源として市内を流れるトーラ川の調査研究でもある。

　モンゴル国は「草原の国」と称されるほど自然環境が豊かで地球環境問題とは無縁のようなイメージのある国である。しかし、地球環境が叫ばれている中でモンゴル国といえども例外にもれず、環境問題を抱えている。本章は、モンゴル国内にいくつかある環境問題の中で、ウランバートル市内周辺の水資源環境の現状について、トーラ川を題材としてウランバートル市における水事情について考察したものである。

2　モンゴル国の自然環境と水資源

(1) 自然環境概要

　モンゴル国は、ロシアと中国の国境に接し北緯41.4°から52.1°、東経87.5°から119.6°、東アジア北部に位置する内陸国である。156万4,100km^{2}の国土面積を有し、日本の国土の約4倍に相当する広さである[1]。北部はロシア国境に広がる針葉樹林の森林地帯、中央部は大草原地帯が広がり、南部はゴビ砂漠地帯が広がっている。国土全体は海抜1000m以上に位置し、平均海

抜は 1500m を超える。アルタイ山脈のタワンボグド山で 4374m が最も高い地点で、最も低い地点では 553m である。西部国境のアルタイ山脈、そしてシヤン、ハンガイ、ヘンティー等の山脈を擁し、また、モンゴル国の砂漠は 33 の小さな砂漠が集まり世界第 2 位の広大な面積の広さを有する[2]。

　国土の 80％を占める草原（ステップ）は見渡す限りの草原地帯で正しく「草原の国」と呼ばれるのにふさわしい大草原地帯である。モンゴル国家統計委員会（NSC）2010 年の発表によれば、モンゴル国の総人口が 278 万 800 人で、その内、首都ウランバートル市には 115 万 1,500 人を擁するモンゴル国一の大都会である。ウランバートル市には総人口の約半数近くが住む一極集中の国家である[3]。総人口から見ればモンゴル国の人口密度は世界でも最も低く、約 2 人／km^2 と世界最小クラスの状況である[4]。

　モンゴル国の主力産業は鉱物産業に次いで牧畜産業が盛んであり、全家畜の頭数は「5 畜」[5] の合計が 32,729,200 頭で人口の約 12 倍の数を擁する遊牧民国家である。その家畜の内訳は羊を先頭に 14,480,400 頭、山羊 13,883,200 頭、牛 2,176,000 頭、ラクダ 269,600 頭、馬 1,920,000 頭を有する[6]。正しく世界屈指の遊牧国家である。遊牧はモンゴル国のアイデンティティであり、モンゴル国憲法においても「畜群は国民の富であり、国家の保護を受ける」と謳われているほどモンゴル国にとって畜産業は国家産業の屋台骨である[7]。

　モンゴル国の気候状況はシベリア上空からの湿気がモンゴル高原の山脈やハンガイ山脈、ヘンティー山脈にあたり雨となる。その降水は台地を潤しながら河川に集まり北上して、バイカル湖へと注ぐ。大陸性気候で大変乾燥した気候で、四季はあるものの夏は短く、30℃を超える日もあるという。また、突然寒くなり雪も降ることもあるという[8]。草原地域における気温の差は大きい、1 月の平均気温は氷点下 16～24℃以下であり、7 月の平均気温は 16～24℃前後である。また日によっては 30℃を超える日も珍しくないという[9]。降水量は北西部と中央部の北において最も降水が多く、森林地帯の北部は年平均 350mm 以上の降水量の地域もあり、西部では 300mm 以上の地

写真 1　大草原の中のゲル TsogchinBoldog 草原（Tuv 県 Erdene 村）

撮影：2011 年 5 月 13 日

域もある。降水量は森林ステップ、草原の純ステップ、砂漠性ステップと地域によってばらつきがあるものの、年間の降水量が平均 250mm 前後であり乾燥地帯である。降水はモンゴル国にとって貴重な主たる水資源である[10]。

　降水量の最も多い時期は夏季で全体の 60％が、この時期に集中している。降水としての降った雨の大半の 70〜90％は地表面から蒸発してしまい、残りが河川水と地下水を涵養しているといわれている[11]。

(2) 水資源概要

　モンゴル国には 5,300 の河川があり、泉が 7,800、湖沼は 3,600、鉱泉は 362 を有する[12]。河川は北西部のシベリアタイガ林の大森林地帯の山岳地からの河川が多く、南部や東部は砂漠が存在して乾燥地帯であり、河川はまばらに分布している。

　モンゴル国の代表的河川の一つであるセレンゲ川は、ウランバートル市内を流れるトーラ川とオルホン川を合流してバイカル湖に流出し、ロシア国内を流れて北極海へと注ぐ。また、東部を流れるヘルレン川は中国のフルン・ノール（呼倫湖）に流れる。モンゴル国内を源流とした河川の流出の 60％は

ロシアと中国へと流れ、残りの40％は南部のゴビ地方の湖沼へ流れ、また地下へ流入して帯水層を涵養している。国内の水資源の主たるものは、河川、湖沼、地下水である。特に、モンゴル国の水資源の約84％が湖沼に存在している[13]。

これらの湖沼は北西部の山間部に多いが、乾燥地域にも広く分布している。湖面の面積が$5km^2$以上の湖沼は全体の5％弱で、面積$0.1km^2$以上の湖沼は3,500以上あり小さな湖が多い[14]。降水としての降った雨の大半は70～90％は蒸発してしまい、残りが河川水と地下水を涵養している。モンゴル国の水は主に湖沼に集中しており、湖沼水資源国とも称されている。モンゴル国における1ヶ年間の水資源量は湖水が約$500km^3$、氷河が約$62.9km^3$であり、地表が約$34.6km^3$で[15]、地下水は$10.8km^3$推定されている。

これらの内、実際に利用可能な水は地表水の$34.6km^3$で、その中で63.5％が地表水で残りが地下に36.5％が存在している[16]。

3　首都ウランバートル市の水事情

1992年にモンゴル人民共和国から新生「モンゴル国」をスタートし民主化と市場経済が導入された。市場経済導入以降、国内に従来の価値観や制度変革等に幾つかの戸惑が生じた。自由経済による価値観の混乱、インフレ経済、貧富格差、伝統的な遊牧システムの崩壊、過放牧、自然環境破壊、温暖化による永久凍土の現象、砂漠化の進行、水資源の危機、水質汚染など多角的な諸問題が年を重ねるごとに浮き彫りとなった[17]。この多角的な諸問題がウランバートル市の課題でもある。

ウランバートル市は、モンゴル国の大草原地帯が広がる中央部のやや北東の標高1,300mの盆地に位置する。モンゴル国の文化、政治、経済の中心首都であり、モンゴル国の総人口の約半数を擁する一極集中型都市である。市街はかなりの人口が過密している。ウランバートル市の平均気温と降水量は、表1に示した通りで、年平均降水量は281.7mmで、年平均気温は氷点

表1　ウランバートルの平均気温と降水量

	1月	2月	3月	4月	5月	6月	7月	8月	9月	10月	11月	12月	年間
平均気温(℃)	-22.3	-17.2	-9.0	0.9	9.4	14.4	16.9	15.1	8.3	-0.3	-12.2	-19.9	-1.3
降水量(mm)	1.9	2.9	3.3	10.0	14.0	49.5	69.5	79.9	33.5	9.9	4.4	2.9	281.7

出典：wikitravel.org/ja/

下1.3℃である。7月で平均気温が17℃前後で1月の平均気温は氷点下23℃前後で、それ以上の日もたびたびあるという。春は最も乾燥の季節で湿度が30％以下になる日が3〜4ヶ月も続く日もある[18]。

　ウランバートル市における降水量を表1データから見れば分かるように、モンゴル国の気候は乾燥地帯であり、その気候区分は亜寒帯もしくはステップ気候である。全体で如何に降水量が少ないかが分かる。日本の年間平均降水量は約1,700mm年であり、そしてウランバートル市の平均降水量は東京の約1/4以下でもあり、正しく乾燥地帯である[19]。

　ウランバートル市の環境問題は幾つか指摘される。例えば、ウランバートル市の一極集中による人口増加で100万人を超える大都会でありながらモンゴル国第二の都市のエルデネト市では約9万人、その他の州都は2万人から3万人程度である。いかにウランバートル市がモンゴル国での巨大都市であるが分かる[20]。また、市内の環境は自動車の急激な増加による排気ガスの増大、火力発電所による煤煙、暖房による石炭燃焼の煤煙などで市内における大気汚染が深刻な状態である。水資源においては人口増加や建築物増加等に伴い水不足と水質汚染、そして廃棄物、ゴミ問題なども深刻な課題となってきている。

　ウランバートル市は近年流入者が止まらず、郊外にゲルを建て生活をしている流入者が増加している。このゲルでの生活によって、大気汚染、水質汚染、洪水被害、給水難などある新たな環境問題を抱えている[21]。特に、ウランバートル市にはコージェネ[22]システムがあり、市内に大きな国営の発

電所があり、この発電所からアパート地区に廃熱を利用して暖房と温水が送られるシステムである[23]。しかし、これらのゲルにはコージェネシステムはなく、ゲル住民は冬季には石炭を利用して暖を取る。この石炭は褐炭で熱量が低いために大気汚染や乾留・ガス発生の要因になっている。

急激な人口増加は環境破壊を招き、大気汚染のみならず水不足をも招く。

水不足は水資源の需要と供給のバランスの崩れが生じ、人間の社会活動のみならず自然の生態系にまで影響を与えてしまう。モンゴル政府はゲル住民の住宅対策として、10万戸のアパート建設計画を進めたが、これらも居住者が多くなると一人当たりの水使用量が確実に増加の途を辿る[24]。

モンゴル国内の水消費量は約4億km^3とされ、一人当たりの水使用は一日8～10ℓで世界平均の水使用量の1／3～1／4程度と低いという報告が過去になされている。給水量の約30％が中央水給水システムから供給され、約25％が給水車による供給、36％が井戸の排水施設で残りが小河川と融水・融氷からの供給である[25]。

モンゴル国の主な水源は地下水から水道を経て水を得ており全人口の3分の1の約31％に当り、そして、4分の1の約25％は地下水の水を詰めた移動式タンク供給から水を得ている。約36％は直接地下水の井戸から得、河川から10％前後を使用している[26]。

1990年当時で、モンゴル国内に4,879の掘井戸が存在し、そして機械式井戸が9,721稼動し、その他に20,000箇所の簡易井戸があったが、その内40％は稼動していないと報告されている[27]。

ウランバートル市は1992年時点で、水源は市の南部を流れるトーラ川沿いの沖積層の四つの水源地から30mから70mの深さから133の井戸で日量25万トンが供給されていた[28]。ウランバートル市の水源の一つに市内を流れるトーラ川がある。このトーラ川は、ヘンティー山脈にあるゴルヒ・テレルジ国立公園に、その源を発する延長704kmで、流域面積49,840km^2の河川である。オルホン川に合流し、その後セレンゲ川を流れてバイカル湖へと注いでいる[29]。トーラ川は穏やかな起伏した草原等の丘隆地で、その流れ

写真2　大草原の中を雄大に流れるトーラ川 Tuv 県 Erdene 村

撮影：2011年5月13日

写真3　Khaan-jims のキャンプ地付近

撮影：2011年5月13日

は緩やかに草原の谷間をぬって自然体で自由奔放に流れている部分もあるが、ウランバートル市内は一部コンクリートの護岸工事が施されている。

　トーラ川沿いに整備された150本の井戸（地下30〜70m程度）から地下水を1日当り17万㎥汲み上げ供給している[30]。2013年時にはウランバートル市

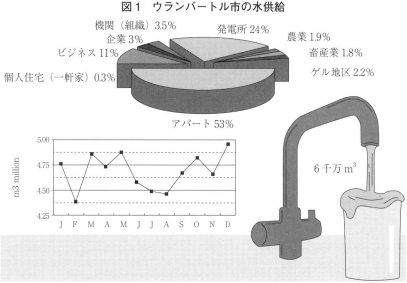

図1 ウランバートル市の水供給

出典：『Туулголынэхийнэкосистемийн Үнэцэнэ』より著者作成

内全体に4ヶ所の水源地の地下水から採取していた[31]。これらの計画では人口増加によって、今後は水需要が更に増して240,000m³／日が必要となる予想されている。水不足状態が日常化になりかねない段階を向かえる。そして2030年には水重要は510,700m³／日に達するものと予測されている[32]。

図1によれば、ウランバートル市の水供給量の53％はアパートに住む市民に、個人住宅者やゲル地区は2.5％供給され、全供給量の55.5％は生活用水、発電所や機関、企業、ビジネス等の工業（産業）用水は41.5％で、農業、畜産業の農業用水は3.7％である。ウランバートル市内供給量の全体は半分が生活用水で工業（産業）用水、農業用水と続く。世界的には約3分の2は農業用水で工業用水、生活用水の順で水が使用されているが、モンゴル国は遊牧業が盛んで、農耕との相違により水の消費量が農耕国より極端に少ないことが伺われる。

ウランバートル市の上水道普及率は77％、下水道普及率は35％である。

写真4　ウランバートル市内とトーラ川（ザイサン丘より）

撮影：2011年5月10日

その他の地方都市全体では上水道41％、下水道10％であり、上水道に比べ下水道は大幅に遅れていることが伺える[33]。

しかし、ゲル地区においての上下水道の設備は皆無である。

WHOとUNICEFの「水と衛生共同モニタリング・プログラム（JMP）」によれば、2008年の時点では世界の水道普及率は57％であり、また、先進国の都市部の普及率は約79％である[34]。これから見れば、ウランバートル市の普及率は世界の先進国の普及率に近いが、地方都市の普及率はかなり低いことが伺える。世界平均の水道普及率は都市部と農村部で見れば、都市部で79％、農村部で34％である。ちなみに、水道普及率を世界の地域別に見ると先進諸国94％、ラテンアメリカ諸国84％、東アジア83％、西アジアサハラ砂漠以南アフリカ16％である[35]。

モンゴル国の今後の水源を確保のために、2020年まで1万基の井戸の掘削計画と灌漑設備の充実を行う計画が示された。モンゴル国「2021年国家開発戦略」の中で、集約的な農業振興計画が打ち出され、小麦は2006年の4倍の生産量を2015年に達成した。馬鈴薯や野菜の生産量も従来よりも1.5倍の生産目標を掲げた。これらの生産には安定した水の確保があってなされ

る生産目標である[36]。

　ウランバートル市の主水源であるトーラ川に汚染の報告がある。その汚染の主たる原因はウランバートル市内や河川集落から出される生活排水とトゥブ県のザーマル地区の金鉱開発による排水が原因とされている。モンゴル国内で最悪であると報告されている[37]。

　国内の汚染状況の例の一つに、中央の北部に位置するダルハンオール・アイマグ、そしてホンゴル・ソムなどの金鉱山から採掘に水銀が使用され中毒が発生していると報告されている。水銀は自然環境を破壊・汚染し、ついて魚類や植物に大きな影響は与え、食物連鎖に取り組まれるなど有機化する可能性があり将来が懸念されている。また、水銀に代わりシアン化ナトリウムを使用している採掘所もあり労働者の健康障害が環境破壊と共に問題化している[38]。

　モンゴル国において、希少な水の価値は高く、これらの水が汚染されていれば大きな打撃に繋がる。水資源は需要と供給のバランスによって維持される。モンゴル国の主力産業に鉱業産業と牧畜産業などのあらゆる産業発展の妨げにならぬよう早急な対応が望まれる。

4　おわりに

　今後、益々拡大する世界経済の中でモンゴル国の社会においても、グローバル経済の波は避けられずより一層活発な経済活動へと向かうことが想像される。特に、モンゴル国の豊富な天然資源は世界が注目している。モンゴル国における鉱業は最も重要な産業の一つである。天然資源は石炭、石油をはじめ、金、銅、蛍石、モリブデンなどの豊富な資源開発を中心に経済は今後大きく展開し続きけるものと考えられる。また、牧畜業においても主力産業の一つとして、今後も持続的に発展するものと思われる。経済産業が拡大すればするほど欠かせないのは水の存在である。なぜなら、水は全ての人間活動の源であるが故に、水なくしてあらゆる面において人間活動は不可能である。

4　おわりに

　今後のモンゴル国の経済発展に伴う水資源を検討すれば、国内の経済活動はより一層活発になることが想像され、国民の所得向上により国民の生活が豊かになり消費購買力が向上し、それらに伴い国民のライフスタイルに変化が生じ、近代的な住宅や嗜好品、贅沢な品物、おしゃれなフッションなど生活向上の志向が飛躍的に変化する。この変化に伴い豊かな生活への憧れから現実の豊かな生活への要求がもたらされる。

　首都ウランバートル市は、今後においても人口の一極集中が続くものと予想され、人口増加と経済産業が拡大し、その拡大によって水需要は益々の増加の途を辿るものと考えられる。工業用水や都市用水は需要と供給の比率が懸念される。今後、増加するであろうと思われる水需要に対して検討すれば、水不足分を補う一つの方法として再生水の利用システムが不可欠である。モンゴル国において限られた水資源の中で最大限に水の有効利用を行うには水の再利用が必要不可欠である。地下水や河川からの第一原水を飲料水・生活用水や一部の工業製品の工業用水等を中心に利用し、生活排水や工場廃水・排水を第二原水として利用し、下水用水や道路清掃、車両洗車、農場用水、植栽等への水は再生水の利用が必要である。

　モンゴル国は一部において豊富な水資源地域も見られるが、全体としては乾燥地域で水不足国である。限られた水資源の利用システムを構築し、水の需要と供給のバランスの取れた、水の有効利用をすることが必要である。ウランバートル市の都市環境は経済発展に伴い悪化している。これらの対応には環境に対する法的規制は当然ではあるが、化石燃料からの転換としてクリーンエネルギー（再生エネルギーや自然エネルギー）や再生水などの未来環境都市建設（エコシティ）の施策を検討する必要がある。特に、ウランバートル市近郊には多くの放牧が存在し、これらの5畜への飲み水への供給は今後再生水を利用せざるを得ない時期が近い将来訪れと思われる。

　水の再生システム構築や未来環境都市建設施策は、今後のモンゴル国を持続可能な社会の発展に道引くかが大きな鍵の一つと考えられる。今後の経済発展は、各産業の活性化により、水需要はますます増加の途を辿るものと考

えられる。

1) http://www.mofa.go.jp/mofaj/area/mongolia/data.html 参照。アクセス 2011 年 11 月 24 日。
2) 『モンゴルの歴史』、発行 BAABAR、発行日不明。P32 参照。
3) http://www.mofa.go.jp/mofaj/area/mongolia/data.html 参照。アクセス 2011 年 11 月 24 日。
4) www.env.go.jp/nature/satoyama/syuhourei/pdf/cwj_5.pdf「モンゴル・遊牧による草地の持続可能な利用・管理」P2 参照。アクセス 2011 年 11 月 24 日。
5) 5 畜とは、「羊、山羊、牛、ラクダ、馬」の 5 種類の家畜を呼んでいる。『モンゴルの光と風』岩田伸人編（株）日本地域社会研究所 2008 年 6 月発行。P34 参照。
6) 『World WALKER モンゴル 2011 年春号』、2011 Vol. 1、制作・発行 Adline linc、P20 から P21 参照。
7) www.env.go.jp/nature/satoyama/syuhourei/pdf/cwj_5.pdf「モンゴル・遊牧による草地の持続可能な利用・管理」P2 参照。アクセス 2011 年 11 月 24 日。
8) 『World WALKER モンゴル 2011 年春号』、2011 Vol. 1、制作・発行 Adline linc、P11 参照。
9) www.env.go.jp/nature/satoyama/syuhourei/pdf/cwj_5.pdf「モンゴル・遊牧による草地の持続可能な利用・管理」P1 参照。アクセス 2011 年 11 月 24 日。
10) clover.rakuno.ac.jp/dspace/bitstream/10659/1660/1/S-35-1-55.pdf 参照。アクセス 2011 年 12 月 3 日。
11) aise.suiri.tsukuba.ac.jp/new/press/youshi_sugita7.pdf 参照。アクセス 2011 年 12 月 2 日。
12) 『World WALKER モンゴル 2011 年春号』、2011 Vol. 1、制作・発行 Adline linc、P21 参照。
13) aise.suiri.tsukuba.ac.jp/new/press/youshi_sugita7.pdf アクセス 2011 年 12 月 20 日。
14) 青木信治・橋本勝編著『入門・モンゴル国』平原社、1992 年、P263〜P264 参照。
15) aise.suiri.tsukuba.ac.jp/new/press/youshi_sugita7.pdf 参照。アクセス 2011 年 12 月 2 日。
16) 独立行政法人国際機構地球環境部『モンゴル国湿原生態系保全と持続的利用のための集水域管理モデルプロジェクト事前評価調査報告書』2006 年発行、P21 参照。
17) www.biwa.ne.jp/~michikon/workshop.pdf 参照。アクセス 2011 年 12 月 21 日。
18) 青木信治・橋本勝編著『入門・モンゴル国』平原社、1992 年、P263 参照。
19) 国土交通省編『平成 23 年度版日本の水資源』、平成 23 年 8 月発行、P57 参照。
20) GCUS モンゴル調査団「モンゴル国下水道整備支援報告」、『下水道協会誌 Vol, No. 201』、P2 参照。
21) 独立行政法人国際機構（株）建設技研インターナショナル『モンゴル国ウランバートル市給水改善計画準備調査報告書』、2010 年、P3-1 参照。
22) コージェネとは、コージェネレーション＝cogeneration の訳で「電気・熱・蒸気などを同時に発生させること。ガスタービンやディーゼルエンジンで発電する一方、その排熱を利用して給湯・空調などの熱需要をまかなうなど、エネルギーを効率的に運用すること。熱電供給。熱電併給。廃熱発電。」http://dic.yahoo.co.jp/dsearch/0/0na/06513870/ より。アクセス 2011 年 12 月 23 日。

23) 瀬尾佳美『モンゴルの市場化と環境に関するノート』青山国際政経論集 74 号、2008 年、P89 参照。
24) 独立行政法人国際機構（株）建設技研インターナショナル『モンゴル国ウランバートル市給水改善計画準備調査報告書』、2010 年、P3-1 参照。
25) 独立行政法人国際機構地球環境部『モンゴル国湿原生態系保全と持続的利用のための集水域管理モデルプロジェクト事前評価調査報告書』2006 年発行、P21 参照。
26) aise.suiri.tsukuba.ac.jp/new/press/youshi_sugita7.pdf 参照。アクセス 2011 年 12 月 21 日。
27) 独立行政法人国際機構地球環境部『モンゴル国湿原生態系保全と持続的利用のための集水域管理モデルプロジェクト事前評価調査報告書』2006 年発行、P21 参照。
28) 青木信治・橋本勝編著『入門・モンゴル国』平原社、1992 年、P263 参照。
29) http://ja.wikipedia.org/wiki/ 参照。アクセス 2011 年 12 月 1 日。
30) 日本環境会議／「アジア環境白書」編集委員会編『アジア環境白書 2003/04』2005 年発行、東洋経済新報社、P213 参照。
31) 『モンゴル国　ウランバートル市給水改善計画準備調査報告書』、独立行政法人国際協力機構（JICA）、株式会社建設技研インターナショナル、2010 年、P2-35 参照。
32) 独立行政法人国際機構（株）建設技研インターナショナル『モンゴル国ウランバートル市給水改善計画準備調査報告書』、2010 年、P3-1 参照。
33) GCUS モンゴル調査団「モンゴル国下水道整備支援報告」、『下水道協会誌 Vol, No. 201』、P2 参照。
34) 紀谷文樹監修『水環境設備ハンドブック』（株）オーム社、2011 年 11 月発行、P25〜P32 参照。
35) 紀谷文樹監修　前掲載書（株）オーム社、2011 年 11 月発行、P25〜P32 参照。
36) 白石典之編『チンギス・カンの戒め―モンゴル草原と地球環境問題―』、同成社、2010 年、P72 参照。
37) http://ja.wikipedia.org/wiki/ 参照。アクセス 2011 年 12 月 1 日。
38) 日本環境会議／「アジア環境白書」編集委員会編『アジア環境白書 2010/11』2010 年発行、東洋経済新報社、P343 参照。

参考文献
1) 国連開発計画（UNDP）『人間開発報告書 2010』、（株）阪急コミュケーションズ、2011 年発行。
2) 国連開発計画（UNDP）『人間開発報告書 2006』、国際協力出版会、2007 年発行。
3) 『地球白書 2010-11』、ワールドウォッチジャパン、2010 年発行。
4) 森平雅彦『モンゴル帝国の覇権と朝鮮半島』世界史リブレット 99、山川出版社、2011 年発行。
5) 岩田伸人編著『モンゴルプロジェクト―日本・モンゴルの FTA（自由貿易協定）形成の意義と課題』青山学院大学綜合研究所叢書、（株）日本地域社会研究所発行、2010 年発行。
6) 安部桂司「モンゴルの環境・資源視察記」亜細亜大学アジア研究所所報、第 140 号、平成 22 年 10 月発行。
7) "Directory of Important Bird Areas in Mongolia: KEY SITES FOR CONSERVATION", Ulaanbaatar 2009.
8) "REPORT ON STATE OF THE ENVIRON-MENT OFMONGOLIA 2006-2007",

Ulaanbaatar 2008.
9）"2006 SCIENTIFIC SURVERY REPORT", Ulaanbaatar 2007.
10）安藤桂二「モンゴル国・大草原での水道工事―ウランバートル市水供給施設改修工事」『土木学会誌』Vol. 841999 年発行。
11）藤田和子編『モンスーン・アジアの水と社会環境』世界思想社、2002 年発行。
12）熊坂光芳「モンゴルの環境と我々のかかわりを学び始めるにあたり」『モンゴル研究』No.20、モンゴル研究会、2002 年発行。
13）柳哲雄・植田和弘『東アジアの越境環境問題―環境共同体の形成をめざして』九州大学出版会、2010 年発行。
14）小長谷有紀編著『遊牧がモンゴル経済を変える日』出版文化社、平成 14 年発行。
15）小長谷有紀編『モンゴル国における 20 世紀―社会主義を生きた人々の証言』国立民族博物館、2003 年発行。
16）鯨京正訓編『アジア法ガイドブック』名古屋大学出版会、2009 年発行。
17）『OECC 会報』第 57 号、モンゴル環境協会、2009 年発行。
18）小河誠編『ヤナギ農園整備による総合環境保全支援事業モンゴル環境 NGO 活動記録』（株）かんぽう、18 年発行。
19）B. Batolb・鈴木等「ウランバートルの都市問題と都市マスタープラン」、『都市計画』、Vol. 57/No5、（社）日本都市計画学会発行、2008 年発行。
20）鈴木喜代春『モンゴルに米ができた日』、金の星社、1997 年発行。
21）独立行政法人国際機構地球環境部『モンゴル国湿原生態系保全と持続的利用のための集水域管理モデルプロジェクト終了評価調査報告書』2009 年発行。

第3章　ウランバートル市と熊本市の水道の比較

1　はじめに

　本章は、世界の水事情が異なる国々の中で、水道水が地下水で100％賄われている、モンゴル国のウランバートル市と日本の熊本市の現状について紹介する。

　筆者は、2014（平成26）年に両市を訪ね、水道水源の地下水の現状を調査見聞した。特に、ウランバートル市の地下水源地とゲル地区における水道の現地調査を8月22日から約2週間滞在して行った。本章ではこれら調査結果に基づいて、両市の水道水源となっている地下水の現状と課題、地下水利用システム等の諸政策について考察したものである。

2　ウランバートル市の水事情

(1) 水を運ぶ少年

　水事情は世界の国々によって異なる。地政学的、気象学的な諸条件や国際河川に依存する国など、水をめぐる諸条件は様々である。モンゴル国はロシアと中国に挟まれた国でありモンゴル国から両国へ流れる河川は210を有している[1]。

　地政学的な観点から見たモンゴル国は内陸国で海を持たない国であり、北西には大山脈を有し、多雨量で森林が生い茂っているが、南は砂漠地帯の乾燥地域である。このため、一つの国の中でも水事情は大きく異なる。

　今回調査したウランバートル市内の中においても、生活水の事情は大きく異なっていた。モンゴル国は近年著しく経済発展を遂げている。経済発展に

写真1 夥しい程の住宅・ゲル地区

＊日本人墓地の丘より撮影
撮影：2014年8月24日

写真2 給水トラック

＊給水中の給水トラック
撮影：2014年8月24日

伴ないウランバートル市は急速な社会インフラ整備や近代的な建物や住宅建設などを進めている。このような状況下において、首都ウランバートル市は一極集中型の都市となっている。全国からウランバートル市に移り住む人々

が増加し、全人口約280万人中、約47％の約130万人が暮らす大都市となっている。このような人口増に対して社会インフラ整備が追い付かないのが現状であり、水のインフラ整備も進んでいない。

　ウランバートル市の中心地を囲むように山のすそ野には、一戸建て住宅やゲルが所狭しと夥しく建ち並んでいる。こうした地区に住む人々は、過去のモンゴル国の伝統的な職業である遊牧民や地方から出てきた人々である。これらの人々は中心街の近代的なアパートに住むには家賃が高いことと、アパート数が不足のため居住が叶わない人々である。首都に60％の人口が住み、15万戸の世帯があり、その中の5万戸を超える数は不法滞在者の住宅である[2]。このゲル地区は戸建て毎に柵で仕切っている。これらのゲル地域の住宅には水道やセントラル給水網は整備されていない。整備されたトイレも当然ながら無く、公共トイレがあり、それは穴を掘っただけの簡易なものである[3]。

　水道の蛇口から水が出るのが当たり前の生活の日々送っている日本においても、かつては家庭の台所までの水道が普及するには相応の時を重ねて、現在のような安全で質の良い水を使用することができるようになった。かつて日本が辿ってきた水の情景が、モンゴル国のウランバートル市で垣間見られる光景であった。

　ウランバートル市における水の利用は市内の居住形態の各戸給水のアパート地区には水道、下水道や暖房用温水パイプが整備されている。一方郊外のゲル地区に住む人々の生活用水は市内からトラックで運ばれた水を飲料水販売所（us tugeekh gazar）で購入する。

　このようにゲル地区の人々は上水道も下水道の整備もない生活を強いられている状態にある。ウランバートル市役所の水道関係者の話では、アパート地区で平均一人当たり230ℓ/日であり、ゲル地区においては約8ℓ/日と伺った。近代的な設備を擁したアパートと水道管が敷設されていない地域との差が消費量の格差となっている。

　ウランバートル市の水の消費量は市内に住む住民と郊外に住むゲル地区の人々の所得格差でもある。このような状況下においてウランバートル市当局

写真3　水を運ぶ少年

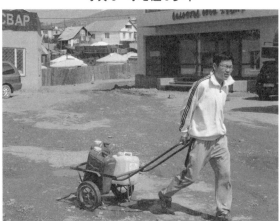

＊水いっぱいのポリタンク
撮影：2014年8月24日

写真4　水を買う市民

＊給水所 No.70（US. Tugeekh gazar）
撮影：2014年8月24日

は手をこまねいているわけではない、ゲル地区の人々を近代的なアパート地区に移転したり、ゲル地区に水道管を敷設したりするなどに努めていることも事実である。

(2) ウランバートル市の水道水源地

　ウランバートル市の水道水源は100％地下水で賄われており、地下水確保のために広大な敷地を有する。近年の経済成長に伴い水の需要も大きく増加傾向にある。

　ウランバートル市の水道水源地は現在7つある。従来からの主力水源地である「中央水源地」「工場水源地」「精肉工場水源地」「上流水源地」があり、そして2014年の6月に「ヤールマグ水源地」、7月に「ブーヤント・ウハー水源地」、12月には最後の予定水源地の「ガッチョルト水源地」を開設した。これによって、ウランバートル市は7つの水道水源地を保有し、日量の取水可能量が合計286,800m³を確保した。今後、ウランバートル市の人口増加や経済発展に伴う水需要の増加を見込んだ措置である。現在の水の使用量は需要と供給の点から見れば、水使用量は日量約150,000〜160,000m³であり、水需要に対して供給は十分である。ここで、既存の水道水源地について、ウランバートル市水道局の担当官インタビューを基にその概要を紹介する。

Ⅰ.「中央水源地」A（ア）
・井戸の数　88本　地下18m〜44m
・ポンプ数　大3機　小4機
・採取水量　6〜7万m³／日
・面積　342.2ha
・UB市の使用量の約半分が中央水源より取水
・中央水源は1959年に作られた

Ⅱ.「工場水源地」Б（べ）
・1964年、ハンウール区、工場地区、市内から車で約20分
・第3発電所の隣の工場エリア
・井戸16
・水源地2か所9本／7本
・当水源は当時5本の井戸からスタート
・塩素は4ヶ月〜6ヶ月に1度交換1000ℓ
・採取水量 19,000〜23,000m³／日
・2名のスタッフ夜は自動運転
・ウランバートルの工業団地、皮工場やソーセージの皮を作る工場などが約30社

・2001〜2003 年に、中国の機械設備を導入している。その結果、採取水量が増え、電気代費を 20％節約できた。
・従業員数 19 名

Ⅲ．「精肉工場水源地」B（ヴェ）
1000m³ のタンクが 2 個あり。このタンクに地下水から採取した水を一旦ためて、そこから塩素消毒して市内に送る。
・2002 年にデンマークの機械設備を導入している。
・13,000〜14,000m³ の水を採取している。
・従業員数 8 名。

Ⅳ．「上流水源地」
・55 本の井戸。
・1989 年に作られている。39 本の井戸でスタート。
・2005-2007 年に、日本政府の無償資金援助で、機械設備を改善し、13km の水道を設置し、16 の井戸を新しく掘削した。
・2010 年に、ポンプの設備を改善して、遠隔操作システムを導入している。
・5 台のポンプ・クボタ製　大 2＝2000m³／1h　小 3＝1000m³／1h エンジン日立製
・一日の採取水量の可能量 50,000m³〜90,000m³
・一日、51,000m³ の水を採取している。
・地下井戸数は 55 本。50m³／1 時間 1,200m³／日
・タンク 2 個＝1000m³
・浄水場は本水源から数 km 先の設置
・従業員数 37 名。

写真 5　中央水源地

＊飛行場程の面積を誇る
撮影：2013 年 9 月 2 日

写真6　日本からの援助に対しての記念碑

撮影：2013年9月2日

写真7　中央水源地のポンプ小屋

撮影：2013年9月2日

写真8　工場水源地Б（ベ）

＊河原状態の水源地
撮影：2014年8月27日

写真9　精肉工場水源地B（ヴェ）

＊奥の建物は火力発電所
撮影：2014年8月27日

写真10　上流水源地

＊大草原の水源地
撮影：2014年8月27日

写真11　上流水源地の井戸とポンプ小屋

＊JICAの援助によって建立
撮影：2014年8月27日

(3) ウランバートル市水道の今後の課題

　前述のとおり、従来からの水道水源地に加え、2014（平成26）年6月には「ヤールマグ水源地」が、7月には「ブーヤント・ウハー水源地」が、12月には「ガッチョルト水源地」が開設されている。これらの水源地オープンによって、今後の水需要に対する水供給は盤石な体制が整えられた形となった。「ヤールマグ水源地」と「ブーヤント・ウハー水源地」はオープンしたばかりであり、調査するだけのデーターがないとのことで、今回調査は不可能であった。

　しかし、今回の調査で見えてきた今後の課題がいくつかある。その一つは、これらの水源地からの給水システムと水質についてであり、既存の水源[4]の水質システム管理施設の設備が老朽化していることである。最新のコンピューター管理システムを導入し、その体制は維持しつつも全体的に老朽化が目立った。今後、近代的施設の建設が急がれる。

　二つ目は、配水管の老朽化問題である。各水源地の水そのものは良質であるが配水管の老朽化により赤錆等が発生し、供給している水道水の水質の劣化を招いている。また、漏水も生じているとのことである。半世紀以上を経過した配給管を使用しているので、水道の蛇口から出る水は透明性を失っている。

　三つ目は、各水源地は広大な面積を有しており、多数の警察官等によって十分に警備管理体制が整えられている。むしろ厳重な警備体制である。各水源地は全て金網等で柵くられ、野生の動物や家畜などが侵入できないようになっている。警備体制も厳しく「中央水源地」は国境警備隊が警備し、「工業水源地」と「精肉工場水源地」の供給管理所は厳重な囲いの出入門に少人数の警察官、そして「上流水源地」には多数の警察官が警備していた。街中の小さな水源地を調査したが、やはり警備は厳しく1名の警察官によって警備されていた。

　これらの警備体制システムの再構築も検討すべきである。全てが金網等で侵入動物や人の進入を防止して定期循環警備を行っているが、近代的な電子

セキュリティシステムの導入が検討すべき課題であると考えられる。

一部の水源地では近代的な設備導入を進めているが、既存の水源地の管理棟や施設は全体的には老朽化が進んでいる。ウランバートル市水道局は、市民の健康の基礎である「水」が最も安全で安心な水供給する義務を負っている。市民から信頼される水造りが第一の使命であると考える。

3　熊本流域の地下水循環システム

(1) 熊本県の水と地下水

熊本県は、日本の九州地方のほぼ中央に位置し、県の面積は7400m^2である。

熊本県には世界屈指の活火山の阿蘇山があり、火口中央には南北25km、東西18kmの広大なカルデラを形成している[5]。そして森林が県土面積の63％を占め、この森林が雨水を一旦地下水に蓄えて、徐々に地中へと浸透さ

図1　熊本地域の地下水システム図（熊本地域の模式地質断面図）

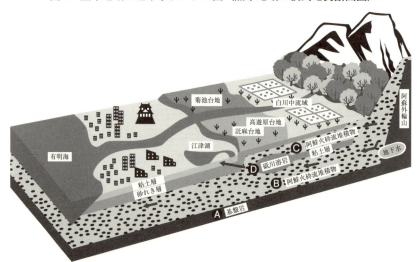

出典：news-act.com/archives/35710740.html より著者作成

せて涵養する「緑のダム」として水を保水している[6]。また県内には1級河川が8系あり、白川をはじめ、緑川、大野川、五ヶ瀬川、球磨川、菊池川、大淀川、筑後川等は九州を代表する河川である。また、2級河川が81水系あり大小河川を含めると408を有する。これらの河川は阿蘇山系や九州山系を水源として西に向かって流れ、白川流域の熊本平野や緑川流域の八代平野を潤しながら有明海や不知火海へと注いでいる[7]。

これらの河川と共に県内には湧水群が多数存在する。南阿蘇村湧水群の竹崎湧水源は、総水量は日量約17万2千トンで、1秒に2トン、毎分120トンという膨大な量が湧水している[8]。白川水源は日量約9万トンを湧水している。金峰山湧水群一帯には熊本市内には19ヵ所と玉名市に1ヵ所の湧水地を有する。そして熊本市内には水前寺江津湖湧水群が日量約40万トンを湧水し、そして熊本市の最も主力の水源地に健軍水源地がある、この水源からは熊本市全体の水道水の1/4である日量約6万m^3を賄っている[9]。

県内は県北、県央、県南の三つに分けられそれぞれの文化・風習を持つ。県内は14市9郡23町8村がある。熊本県は、水の豊富な県として知られ、水道の水源は地下水で賄われており県内80％が依存している。質も量も豊富であり、熊本市を中心とする地域での生活用水の約100％が地下水であり、農業や工業用水においても地下水がふんだんに使用されている[10]。

このような水資源の豊富な地域は全国においても非常に希であり、過去において渇水や断水の経験が少ない。その理由は、この熊本地域の地下水の水循環構造にあるものと考えられる。

(2) 熊本流域の地下水システム

熊本地域は人口100万人を抱える地域で、その生命線である水が地下水によって成り立ち維持され今日の繁栄に至っていることは全国的にも珍しいケースといえる。

特に、豊富な水を有する熊本市は「地下水の宝庫」として名高く、全国的に知られている。水道の水源が地下水100％で賄われており「日本一の地下

写真 12　熊本市の中心部を流れる白川

撮影：2014 年 2 月 25 日

水都市熊本」である。また、日本においては岐阜市でも水道水源に地下水を使用しており、世界的に稀少な存在であり、前述したモンゴル国のウランバートル市の水道水源も地下水からの採取である。

　熊本市は熊本県の政治経済の中心で「森の都」と称されるほど風光明媚で、かつ一方では「水の都」と称され市内には白川や坪井川、緑川、加勢川が流れ、そして豊かな湧水地として水前寺江津湖湧水群をはじめ健軍水源地など多数ある。

　熊本地域[11]への豊潤な水の提供は阿蘇山が大きく貢献している。阿蘇山は約 27 万年前〜9 万年前に四度の大噴火を繰り返した。その際に阿蘇火砕流堆積物は噴出し火砕流台地が造られたといわれている。この阿蘇火砕流堆積物の地層が帯水層となって、阿蘇山にもたらす大量の雨水量が帯水層に浸透して熊本地域の山間部を経て平野部へと地下水大動脈を通じて有明海に注いでいる[12]。熊本市の豊潤な水脈は九州山地の西側の阿蘇山に降る多量の雨水によるものである。年間の降水量は阿蘇山周辺で約 3,200mm に及び平野部においても約 2,000mm 前後である[13]。日本の年間降水量の平均が約 1,700mm であるのに対して、熊本地域の降水量がいかに多いかが伺える。

熊本地域内での地下水は白川中流域などの水田や畑地、山地等によって涵養された水である。これらの地域の大津町と菊陽町、西原村を跨る地下には巨大な地下水プールがあり、そこに地下水が蓄えられている。地下に蓄えられた水は、時間をかけて徐々に下流へと流れ白川水系や緑川水系を通じて流域の大地を潤し続けている。

　熊本地域の面積は約1,000km^{2}の「地下水共有圏」と称され、地下水を共有の財産として熊本地域が保全している[14]。熊本地域は第四紀層を中心とした帯水層があり、そして深い基盤岩がベースとして大きな地下水盆が存在している[15]。この地域には約20億4千万m^{3}の降雨があるといわれている。その中で約3分の1は大気中に蒸発し、約3分の1は白川や緑川の流域河川を経て有明海に注ぎ、残り約3分の1の約6億4千万m^{3}が地下に浸透して豊潤な地下水となっている[16]。この豊潤な地下水の涵養量の約6億4千万

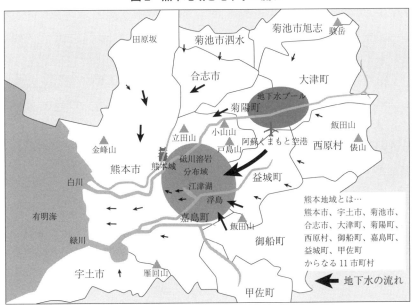

図2　熊本地域と地下水の流れ

出典：ssl.kumamotogwf.or.jp/chikasui/ より著者作成

図3 熊本地域の地下水涵養の内訳

出典：http://www.kumamoto-waterlife.jp/list_html/pub/detail.asp?c_id=25&id=9&mst=0&type

m^3 の内、約2億1千万 m^3 は山間地を中心とした水田からの涵養水である。水田33％、山林、草地、畑地等67％の涵養率でそのほとんどの供給源が農地である。これらは主に白川水系の涵養率が高く他の地域よりもその数は約5～10倍の約9千万 m^3 の地下水を涵養しており、熊本地域にとっては大涵養地域である[17]。

これらの涵養システムは今から約400年前の領主加藤清正による水田開発に大きく由来するものといわれている。それは阿蘇の「自然のシステム」を利用することによって熊本地域の性質を鑑みて水田を開墾し、この水田から大量の水の涵養を行うことによって、豊富な地下水を有するシステムを作り上げた。加藤清正をはじめ先人達の血と汗の結晶として「人の営みのシステム」を作り、先人たちの英知の結集を後世に多くの果実として熊本地域を不動の100万人都市や産業地域を誕生させて今日に至っている[18]。

(3) 市民の大切な宝物「健軍水源地」

熊本市には前述した金峰山湧水群や水前寺江津湖湧水群などの湧水地がある。市内の水源地は21箇所あり、これらの水源地では、ミネラルウォータ

写真 13　健軍水源

撮影：2014 年 2 月 25 日

写真 14　健軍水源 5 号井戸

撮影：2014 年 2 月 25 日

が常時地下から湧水している。その中で水前寺江津湖湧水群にある「健軍水源地」が最大の水源地である[19]。

　この健軍水源地は市内の辛島町のバスターミナルからバスで約 20 分位の距離にある、動植物園前のバス停の前にある。筆者は公益財団法人熊本市水道サービス公社の職員の方々の案内をいただいた。

写真 15　5 号井戸の自噴の様子

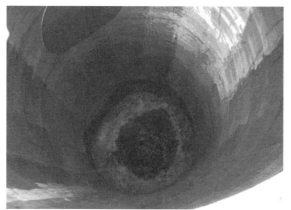

撮影：2014 年 2 月 25 日

　この健軍水源地は 1948（昭和 23）年 2 月に通水を開始し以来、66 余年の間、熊本市の水道水の供給基地の一つとして今日に伝えられ、熊本市の貴重な宝物の一つになっている。この健軍水源地は熊本市その供給水量は 1 日 6 万 m³ の水量に達し、市内の供給水量の 4 割をこの水源地で賄い、市民 14 万人以上の水道水を提供している計算になる。そして当水源地には 11 本の井戸があり、その内 7 本は自噴している。その中で 5 号井戸は最も頼もしく日量約 1 万 4 千 m³ の地下水を自噴している。この水量は 25m プールで約 40 杯分の水を自噴していることになる。深さ 40m、直径 2m の井戸を覗けば自噴の音が威勢よく耳に入り、これが大地の息吹と思える音であった[20]。日本有数の自噴井戸である。
　この健軍水源の水はアンケートデータ[21]によれば「美味しく、健康な水」であると市民に評価されている。

4 熊本流域の地下水保全への対応

(1) 地下水涵養減少と対策

　熊本市は人口73万人を擁し、熊本流域人口は100万人を超える。これまでの長い歴史のある熊本市は文化や慣習、地域産業など発展の礎には豊富な水資源を有したからである。この豊富な水源は今から420年前の当時の首領であった加藤清正公による新田開発によって、白川の中流域の大規模な水田開墾が行われた。この新田開発は加藤家から細川家へと受け継がれた。この流域は水の浸透しやすい土壌のために、通常の5倍から10倍の水量が浸透し、「ザル田」と地元から呼ばれるほど、大量の水が浸透し涵養に最も適した土地柄であった。その結果、今日では日本有数の地下水の豊富な熊本地域を作り上げた[22]。

　しかし、1965（昭和40）年ころから、経済成長に伴い企業の進出による工場建設や人口増加など急速な都市化が進んだ。また熊本流域で伝統的に行われてきた第一産業が都市化と共に減反政策や農地の住宅化や工業用地となり、そして第一次産業への就労人口が激減し、従来の地下水の涵養していた水田による稲作が減少していった。都市化や工場建設などによりこの熊本地域での涵養率が減少した。地下水位の減少の第一の原因は水田の減少によるもので、1年間の地下水涵養量が約6億4万 m^3 の内約2億1千万 m^3 が、山間地を中心とした地域である。このうちの半分が水田から涵養しているのである。この熊本地域での水田による稲作の面積は1990（平成2）年においては1万5千haであったが、1年後の2011（平成23）年には1万haと減少した[23]。これらは熊本の都市圏を中心として湛水性の作物である水稲作付面積が減少している。熊本地域における水稲作付け減少に伴い地下水の水位変化が現われている。熊本地域内の菊陽町の辛川の観測井戸が1982（昭和57）年には29mあった水位が、2006（平成18）年には24.9mとなり、約4.1m水

図 4　熊本地域の涵養図

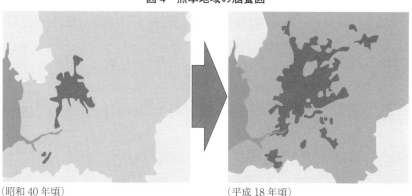

（昭和 40 年頃）　　　　　　　　　　　　　　（平成 18 年頃）

　　　　　　　　かん養域　　　　　非かん養域

涵養域面積　947.89km²（91.1％）　涵養域面積　810.18km²（77.8％）　非涵養域面積　93.28km²（8.9％）　非涵養域面積　231.93km²（22.2％）
※熊本環境総合センター資料を元に作成
出典：事業内容　公益財団法人くまもと地下水財団【公式サイト】より

位が低下した。また、市内の江津湖の湧水量においては 1992（平成 4）年には日量約 45 万 m³ あったものが 2006（平成 18）年には日量約 38 万 m³ と、日量約 7 万 m³ の減少を数え、14 年間の涵養率の低下が目立つ[24]。

　地下水減少への対応として、行政体による取り組みが行われている。熊本県の地下水採取量は 2008（平成 20）年には 1 億 8000 万トンの採取量に上り、1991（平成 3）年の 75％にもかかわらず水位は減少傾向にある。このような状況を踏まえて、熊本県の取り組みは「地下水保全条例」を 2012（平成 24）年に改正してその採取規制を行った。主な改正点は、地下水を大口取水する事業者には知事の許可、水量測定器の設置、地下水涵養計画の提出と実施を義務付けまた、無許可による地下水の採取した場合は 1 年以下の懲役または 50 万円以下の刑罰が科せられるなどである[25]。熊本市の対応は地下水の水位減少の原因が水田による涵養率の低下であることからその対応を検討した。稲作作付面積の減少によることから、涵養事業から始めた。この検討時に大手企業の半導体工場の進出による大量地下水採取が懸念された。半導体

生産は大量の水が使用されることから地域住民や熊本地域内の関係者からも強い懸念が持たれた。このような状況に対していくつかの方策が練られた結果、地域の農業団体や農家、NGOなどの協力を得て2003（平成15）年から農閑期に河川から引水して水田に水を張って涵養を行い、その費用は大手半導体が負担するというシステムである[26]。

このような状況を踏まえ、熊本市は2004（平成16）年から地下水保全協定を近隣の町と結び、涵養事業に賛同し、転作した水田で水張りに協力する農家に対して助成金を交付する制度を創設した。この制度は功を奏して、現在では年間1,500万 m^3 を上回る地下水の涵養に達し、400戸を超える農家からの協力を得ている。この制度の今後の課題として涵養率の向上を達成するためには更なる対策が求められる[27]。そして水源涵養地には上流域への森林づくりが必要不可欠である。熊本地域内を流れる白川流域や緑川流域には涵養林の整備が必要で、水源涵養機能の高い広葉樹を中心に植林されてい

図5　ウォーターオフセットシステム
ウォーターオフセットの循環図

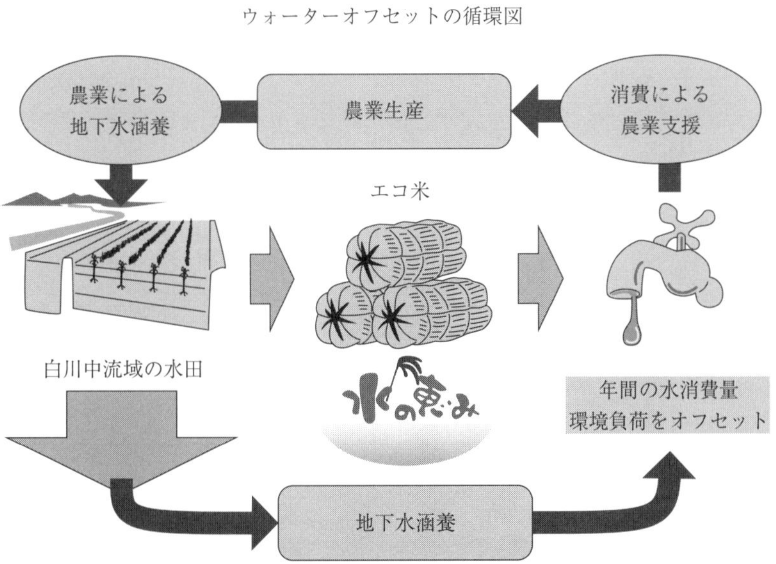

出典：www.kankuma.jp>Home>環境ネットワークくまもと より著者作成

また、地下水保全政策事業の一つとして「ウォーターオフセット」を展開している。「ウォーターオフセット」とは耳慣れない言葉であるが、熊本地域の白川中流域でコメを生産するために水田を利用することで地下水の涵養効果がある。消費者は涵養地域の農産物のコメを購入することによって、この地域の涵養地保全の一助となる事業である。一般に広く知られているのは「カーボンオフセット」であり、排出した二酸化炭素を植林や森林保護などで相殺することができる。「ウォーターオフセット」は「カーボンオフセット」の地下水版として、全国で初めて熊本で取り組んだものである[28]。この制度を熊本地域内で行うことは、地下水の涵養率の減少に大きな歯止めがかかる[29]とされ、例えば、白川中流域で1kgのコメを生産するために約20〜30m^3の地下水涵養の効果があるとされる。

(2) 熊本地域における地下水水質の現状と対策

　熊本地域は地下水の減少問題と地下水の水質問題がある。近年の硝酸性窒素による地下水汚染が課題になっている。この汚染は肥料や家畜の排泄物の処理が主たる原因とされている。硝酸性窒素は主に、肥料や家畜の排泄物、生活排水が原因である。地下水には農作物に与えた肥料から窒素成分が検出され、また、家畜の排泄物からの原因と見られるなど地域内に水質の汚染が広がっている[30]。硝酸性窒素の成分を一定量飲水すると血液の酸素運搬機能が不可能となり酸欠状態になり疾患を引き起こす原因となり、体力のない老人や幼児の健康に大きな影響を与える[31]。

　熊本市内の北部地域と北西部地域において国の環境基準の数値を超える井戸が存在している他、市内の主力水源である健軍水源地をはじめその他の水源地においても検出されている[32]。

　また、揮発性有機化合物による汚染も見られる。1985（昭和60）年頃から、テトラクロロエチレンやベンゼンなどの揮発性有機化合物による地下水汚染が発覚し、市内23地区に及んでいる。汚染の原因は工場・事業場などで使

用されている有害物が地下へ浸透したものと見られている。そして、熊本市内の南西部地域では、自然的要因として砒素・フッ素による地下水汚染も検出されている[33]。

熊本地域は阿蘇山の豊富な降水量を擁し日本有数の地下水源を持ち清冽な水を絶やすことなく提供しているが、地下水の一部に産業による人工的汚染水と自然的要因の汚染が発覚している。特に、農業による肥料や家畜の排泄物が起因となって地下水を汚染しており、喫緊の課題として対応が急がれる。

熊本市では、地下水汚染対策として、硝酸性窒素による地下水汚染対策として「第1次熊本市硝酸性窒素削減計画」を2007（平成19）年に策定し、施肥や家畜排せつ物などの発生源対策とその目標値を定めた。第1次計画期間の終了によって得られた課題を検証し、更に「第2次熊本市硝酸性窒素削減計画」に基づき硝酸性窒素削減対策を推進した[34]。

地下水の汚染原因は硝酸・亜硝酸態窒素であり、それは農地における施肥

図6　硝酸性窒素による汚染

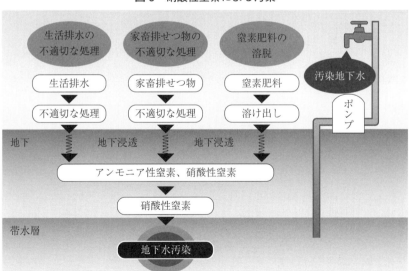

出典：事業内容　公益財団法人くまもと地下水財団【公式サイト】より著者作成

と家畜の排泄物である。熊本流域の上流部は、地下水の涵養地であると同時に地下水の汚染地域でもあり、両面を兼ね備えた地域であり慎重な対策が必要である。

　今後の対策としては、無農薬農産物の生産や肥料に使用量の減少に加え、家畜の排泄物処理は近代的な設備に基づく適正な処理が望まれる。

　熊本県と熊本市は地下水の実態調査を継続的に実施している。調査種類を3つに分け、それぞれ適切な地点を選定して行っている。

①地域の地下水の概況を把握するための調査
②汚染地区等の動向を監視するための継続的な調査
③新たに発見された汚染の汚染範囲等を確認する調査

　熊本市内で確認された地下水汚染地域は23地区存在し、その中で7地区を地下水洗浄対策として実施している。内訳は1地区が市において実施、6地区は汚染原因者・土地所有者が実施している。浄化対策を実施していない地区では継続して監視体制を取り、自然分解によって環境基準以下までに改善している[35]。

5　おわりに

　今回は熊本県の熊本地域における地下水保全活動と、モンゴル国ウランバートル市の比較調査をもとに考察を行った。今回の調査対象とした、モンゴル国ウランバートル市と日本の熊本市は、両市ともに水道水源が地下水で賄われているという共通点がある。しかし、両市の水道水源地や水道システム管理、運営等には大きな相違点がある。調査前から大きな相違があることは十分承知の上での調査に臨んだ。ダムを持たないモンゴル国の水資源は全てが地下水を源とし、広大な水源地を有している。降雨量の少ない、厳冬期のある国であり、表流水の利用の困難さゆえの水資源政策の方法も考えられる。

一方、熊本県や熊本市そして熊本地域の市町村の地下水保全対応には斬新な発想を含んだ対応が見られた。特に、加藤清正公以来からの新田開発によって得た「ザル田」は涵養率が高く、豊潤な水源の源となり今日の水の豊かな熊本をつくった。そして「ウォーターオフセット」は今後の農業政策や環境保護への大きな示唆を与える制度とも考えられる。熊本地域を一つの「地下水共有圏」として県をはじめ周辺の市町村が共通の価値観に基づいて、熊本の宝物を共有して保全して後世に伝えていく対応は、評価に値するものである。「公益財団法人くまもと地下水財団」が、この清冽な熊本地域の水を後世に残すために、行政、住民、事業者などが一体となって取り組む体制の窓口となっており、こうした推進体制は、今後の水保全対応に大きな模範となるもの考えられる。

　地球温暖化の課題が大きく問われている中で、この温暖化現象によって水の課題が問われている。地球の長い歴史の中で、地球に水が存在することで地球に生命の誕生をもたらした。生命の維持に不可決な最も大切な水の存在が今や危ぶまれている現実がここにある。何故に今日ほど水が問題化し台頭したかを我々人類は反省しなければならない。そして、その原因を突き止め、責任ある行動と節度ある対応で緑豊かな地球を次世代へ引き継ぐ使命を待っている。

　　本章は、2016年4月14日に発生した熊本地震以前の現地調査に基づき記述したもので、現況の熊本県内の水源や阿蘇山等に相違があることをお断りする。
　　なお、熊本地震は熊本地方を中心として発生した、震源の深さ11km、マグニチュード6.5、震度7（熊本県益城町）が観測された。（https://ja.wikipedia.org/wiki/ アクセス2017.1.30）この地震によって熊本地方を中心に甚大な被害を受けた。熊本市の名園である「水前寺成趣園＝通称・水前寺公園」も被害を受け、一時は湧き水が干し上がた。2016年6月の梅雨時には徐々に水位が回復した。（読売新聞2017年2月9日。）

1) 藤田昇、加藤聡史、草野栄一、幸田良介編著『モンゴル　草原生態系ネットワークの崩壊と再生』京都大学学術出版会、平成25年10月発行、P78参照。
2) 佐々木健悦『検証民主化モンゴルの現実』社会評論社2013年4月刊行、P166参照。
3) 佐々木・前掲書P166参照。

4）既存水源地とは「中央水源地」、「工業水源」、「精肉工場水源」、「上流水源」のことである。
5）http://www.ja.wikipedia.org/wiki/%E9%98%BF%E8%98%87%E3%82%AB%E3%83%AB%E3%83%87%E3%83%A9 アクセス 2014 年 8 月 13 日。
6）ku.kyuden.co.jp 参照。アクセス 2014 年 8 月 13 日。
7）小嶋一誠『健全な地下水循環への取り組み～熊本県の事例から～』P1 参照。http://www.mizu.gr.jp/images/main/archives/forum/2010/forum2010_oshima.pdf アクセス 2014 年 8 月 13 日。
8）南阿蘇村役場ホームページ。アクセス 2014 年 8 月 14 日。
9）「みずたま通信」熊本市水道局 www.kumamoto-waterworks.jp/?waterworks_mizutama=3871 アクセス 2014 年 9 月 14 日。
10）熊本の地下水の仕組み（くまもとウオーターライフホームページ）http://www.kumamoto-waterlife.jp/list_html/pub/detail.asp?c_id=25&id=9&mst=0&type アクセス 2014 年 9 月 14 日。
11）熊本地域とは熊本市、宇土市、菊池市、合志市、大津町、菊陽町、西原村、御船町、嘉島町、益城町、甲佐町の 4 市 6 町 1 村の 11 市町村である。今坂智恵子「世界が認めた熊本地域の持続的な地下水」、『水利科学』2014、No.337、P21 参照。
12）http://www.gelk.info/kmmt.php 参照。アクセス 2014 年 8 月 13 日。
13）http://www.jma-net.go.jp/kumamoto/knowledge/climate.htm 参照。アクセス 2014 年 8 月 13 日。
14）熊本市水保全課「日本一の地下水都市熊本『地下水を守り伝えていくために』」発行熊本市、平成 24 年 9 月、P2 参照。
15）小嶋一誠「熊本地域における地下水管理行政の現状について」地下水学会誌第 52 号第 1 号、2010 年、P50 参照。
16）熊本市水保全課・前掲注（14）P2 参照。
17）http://www.kumamotowaterlife.jp/list_html/pub/detail.asp?c_id=25&id=9&mst=0&type アクセス 2014 年 9 月 25 日。
18）熊本市役所『ふるさとの水循環系と水文化の一体的な保全活動』熊本市 P10 参照。http://www.japanriver.or.jp/taisyo/.../no10_jyusyou_katudou.htm アクセス 2014 年 8 月 18 日。
19）熊本市水保全課・前掲注（14）P17 参照。
20）「くまもとウォータライフ」参照、_www.kumamoto-waterlife.jp/2014 年 9 月 25 日。
21）川越保徳代表『熊本流域での水循環保全とその健全な水利用に関する研究』P8 参照。http://reposit.lib.kumamoto-u.ac.jp/bitstream/2298/8321/1/SSR2007_105-132.pdf アクセス 2014 年 9 月 30 日。
22）熊本市水俣全課・前掲注（14）P3 参照。
23）「日本の自治体の地下水を守る取り組み」参照。http://www.japanfs.org/ja/news/archives/news_id034238.html アクセス 2014 年 9 月 30 日。
24）小嶋一誠・前掲注（7）P1 参照。
25）前掲注（23）参照。
26）前掲注（23）参照。
27）今坂智恵子「世界が認めた熊本地域の持続的な地下水」、『水利科学』No.337（第 58 巻第 2 号）、2014 年 6 月発行、P29 参照。

28) bp.eco-capital.net　アクセス 2014 年 9 月 18 日。
29) www.biodic.go.jp/biodiversity/shiraberu/policy/pes/water/water03.html
　　アクセス 2014 年 9 月 18 日。
30) 小嶋一誠・前掲注（7）。
31) 熊本市水保全課・前掲注（14）P7 参照。
32) 熊本市『第 2 次熊本市硝酸性窒素削減計画（概要）版』、平成 22 年 3 月、P1 参照。
33) 熊本市水保全課・前掲注（14）P7・8 参照。
34) 前掲注（23）参照。
35) 熊本市水保全課・前掲注（14）P13 参照。

第4章　ウランバートル市の新水源地開発

1　はじめに

　本章は、モンゴル国が経済成長する中、将来懸念材料の一つとされているウランバートル市の水不足問題を題材に新しく開発されたヤールグマ水源地、ブーヤント・ウハー水源地、ガッチョルト水源地の各水源地の現地調査を行った調査研究の考察である。

2　モンゴル国の飲用水不足の問題と水の価格

(1)　水源開発の背景

　ウランバートル市の人口は最近モンゴ国経済の堅調な成長の影響や市内の近代化に伴い、ここ数年地方から転住する人々が急増している。特に、トゥブ、セレンゲ、ドンドゴビ、ザブハン、ドルノゴビ、アルハンガイ各県の住民が多く移転している[1]。国内の人口の半数である約131万人が集まり一極集中している。

　市内は中心部とゲル地区に二分化されている。中心部のアパート地区には約40％で残りの60％がゲル地区に住んでいる。中心部の市街地は従来から都市インフラが整備されているが、ゲル地区の住宅は上下水道や暖房なども整備されておらず住宅環境が悪く、市街地とゲル地区との住宅環境などに大きな格差が生じている。2014年時点でモンゴル国の人口の28％が電気・水道などのインフラ整備がされたアパートに住み、残り72％は電気・水道などのインフラ整備のされていない地区に住んでいる[2]。この数値は、モンゴル国の特長である遊牧民の移動生活によってのデータである。ウランバート

ル市は、上記のような背景により、今後水不足が懸念されている。

　モンゴル国で数年前から「ウランバートル市は 2020 年に水不足になる」といわれていた。しかし、この予測から 3 年前倒しの 2017 年にウランバートル市が水不足になるといわれている。モンゴル民族は昔から水を大事にしてきた。川に牛乳や乳製品を捨てない、ゴミを流したり、川の中で汚れ物を洗ったりするのを禁止する厳しい法律があった。

　今は、自分のゲルの塀の中に井戸を作っている人が多い。川から離れているところでは、井戸を 2,000 万～5,000 万トゥグルグ（Tugrik）で、川の周辺のところでは、300～500 万トゥグルグで井戸を作る会社が増えており、この種のビジネスが栄えている。このビジネスに対する何の規制や管理がない。このまま水を大事にしないでいれば 2020 年、2017 年はおろか明日でも水不足の問題に陥るおそれがある。水需要が急激に増加しており、生活水が不足する恐れがある[3]。と懸念されている。

　Mongol uls 公社社長 Ts.Sosorbaram 氏は水不足を懸念していた。彼の言葉を要約すれば 2017 年にウランバートル市で飲用水が不足する。これは調査で明らかになった事実である。

　ウランバートル市の人口は 2017 年に 170 万人になる。2013 年までモンゴルで 10 万世帯のアパートが建設されている。2013 年に 2 万世帯のアパートを新しく建設している。2014 年にも前年と同じぐらいのアパートを建設する。新しいアパートが増えるたびに、水の需要が増える。このままでは地下水資源で水の需要を補うことができなくなる。ゲルに住んでいる人が一日約 6ℓ の水を使用している。それに対し、アパートに住んでいる人は一日 240～300ℓ の水を使用している。これからアパートの住民が消費する水の需要に対して、それに応じた水の量を供給しなければならない。これからのウランバートル市の開発は、水の話を避けて進むことはできない。水不足の問題を解決するための具体的な取り組みを始めないといけない時期が来ている[4]。

(2) ウランバートル市の水使用量と料金

ウランバートル市民は、水の料金をムングで計算し（1トゥグルグ＝100ムングに相当する。2017年2月12日現在、1JPYが21.83649 MNT）払っている。水使用料金は、水を飲用水供給施設（水源）から消費者の家までに配水したことに対する料金である。

アパートに住んでいる家庭は1ℓの水に32ムング、ゲル地区に住んでいる家庭は1トゥグルグ払っている。アパートに住んでいる家庭とゲル地区に住んでいる家庭の水使用量に極端な差がある。ゲル地区の一つの家庭が一日、約15～20ℓの水を使用しているが、アパートに住んでいる一人の人間が250ℓ位の水を使用しているという調査報告書がある[5]。

筆者の2014年8月現地調査によれば市街地のアパート地区では約230ℓ／日／人、ゲル地区では約7ℓ／日／人である。ある少年に直接インタビューした話によると一回65ℓの水を買うと3人家族3日で消費する。1人1日約7.2ℓの水で生活しているとのことであった。ウランバートル市役所の話にでは、アパートでは230～250ℓ／日／人でゲル地区は約8ℓ／日／人の水を消費しているという。

ゲル地区の飲用水供給施設の中で、1ℓの水を1トゥグルグで売っている施設もあれば、2トゥグルグで売っている施設もある。飲用水供給所の施設が少ないため、1ℓの水の価格を2倍にして売るような状況を生み出している。市当局はゲル地区内に数多くの飲用水供給所施設を建設しているようであるが、ゲル地区の飲用水供給所の施設では日夜、水を買う長い列が時おりできることがあるといわれている。

高い価格で売っている飲用水供給所の施設が問題ではなく市役所の行政機関の不十分な政策に原因があると指摘されている。行政機関の不十分な政策に原因を探す必要がある[6]。

(3) 水価格の不合理

水の価格については、大いに議論が分かれるところである。水供給ステム

の相違や水道設備の格差などの面からアパート地区とゲル地区との価格は同一価格では不合理な点がある。水の価格のアップについて慎重に考えないといけないと言っている人も少なくない。

例えば、ある国会議員は、「ウランバートル市で地方から一日 102 人が移動し、ウランバートル市から 39 人が地方に移動する。ウランバートル市の一戸の世帯は一日、平均 18,232 トゥグルグの所得を得ている。その内 16,027 トゥグルグを生活費に使っており、生活に十分な余裕がない。このような状況の中、水の価格をアップすれば市民の生活が困難になる。企業の利用する水の価格をアップすれば商品の価格も上がり、結局、市民の負荷を重くする」[7]と主張している。また、1ℓの水の価格である 32 ムングを 54 まで上げる提案を担当局が政府に提案したが、政府の支持を得ていない。行政府は「水の価格が市民の生活に大きな影響を与えるので慎重に検討すべき」という態度を取っている。1ℓの水の価格をアップしても市民の生活に大きな影響はないという研究者もいる。水の料金をアップすることにより、水を大事に使い、節約する市民の意識を高め、水の価値を自覚させることができる[8]。などの意見があることも事実である。

水を市民に異なった料金で供給していること自体が水の価値に大きな不信感を与えている。水の給水システムの相違によって水の使用量や水の価格に大差があることは同じ市内に住んでいる市民間では大きな課題である。

3 新団地建設と飲料水施設
──ヤールマグ水源地とブーヤント・ウハー水源地──

ウランバートル市内に新団地がハン・ウール区に建設される。ハン・ウール区はウランバートル市の 9 つの区の一つである。16 の番地（モンゴル語でホローという）から成り立つ。1965 年に、「労働者区」として作られた。

ウランバートル市の新団地の建設に伴い、新しい飲料水施設の設置が進められている。まず、ヤールマグ団地の新しい飲料水施設についてみてみたい。モンゴル国の水資源プログラムの第 3.3.11 で「ウランバートル市の水供

給の新水源、空港周辺（ブーヤント・ウハー）ヤールマグ団地に水供給のために新たな水源地を建設する」[9]と定めている。

(1) ヤールマグ（Yarmag）水源地

　国家水資源委員会（the National Water Committee）の2012年度の報告書によると、韓国から無償資金協力によりウランバートル市の「新ヤールマグ」住宅団地の飲料水施設の設置、上下水道施設の建設プロジェクトを2011年から実施している。水源の調査を「Ecos」有限会社が実施し、取水量（30,000㎥／日）を確定している。設計図を韓国の「K -Water」水資源公社が作成している。現在、ヤールマグの新住宅団地の飲料水のポンプステーション、貯水槽、井戸の建設が進んでいる[10]。

　2015年9月4日、筆者がこの地を訪ね調査を行った。当施設は2014年6月にオープンしている。

　モンゴル国政府は2006年度の住宅4万戸計画実施マスタープランには「新ヤールマグ住宅団地の建設」が盛り込まれている。住宅4万戸計画実施マスタープランの一環で、ヤールマグ地区で韓国国際協力団（KOICA）の無

写真1　ヤールマグ水源地

撮影：2015年9月4日

写真2　水源地のポンプ小屋と監視小屋（右）

撮影：2015年9月4日

償資金協力により実施される、ヤールマグ飲料水施設プロジェクトでは一日20,000㎥の水を取水する2本の井戸、ポンプステーション、4,000㎥の水を溜める2つの貯水槽に水をプールし、長さ5.3mの配水管を作る。このプロジェクトはヤールマグで新規に建設される住宅団地に水を供給する。同時に周辺のゲル地区への水供給も改善される。飲料水施設はウランバートル市の大気環境改善にも寄与する[11]。

　採取水地のポンプ場は、空港から市内に入る幹線道路から若干離れたところに存在している。住宅地を通り過ぎるとガードレールで仕切られている。中央水源地は周囲が柵で囲ってあって、誰もが入ること（ここが）難しいが、このヤールマグ水源地は誰もが簡単に入ることができるようであるが、監視小屋から厳しく監視されているとのことであった。

(2) ブーヤント・ウハー（Buyant-ukhaa）水源地

　ブーヤント・ウハーの水源地の飲料水施設は、ブーヤント・ウハー団地の飲料水施設20本の井戸、井戸水を貯水する2つの貯水槽、ポンプステーション、電力供給施設を作っている。

写真3　ヤールマグ水源地：太陽光の蓄電データ

撮影：2015年9月4日

図1　ヤールマグの団地と飲料水配管図（15km）

出典：http://www.usug.ub.gov.mn

写真4　ブーヤント・ウハー水源地

撮影：2015 年 9 月 6 日

写真5　水源地のポンプ小屋

撮影：2015 年 9 月 6 日

　2013 年 10 月現在、20 本の井戸のボーリングが終わっている。ブーヤント・ウハー団地の飲料水施設の 20 本の井戸、2 つの貯水槽、ポンプステーション、電力供給施設の建設を「S and A」有限会社、「Baiguulamj」有限会社が実施している[12]。

筆者は、この水源地の調査を2015年9月6日に行った。周囲には、空港がほど近く、新興住宅地への様相を秘めており市街地は活気を帯びていた。水源地は雄大な草原をトーラ川が悠々と流れていた。調査の前日にトーラ川上流で降水があり、水かさが増加していた。

また、一方において、ブーヤント・ウハーには下水処理場が整備された。ブーヤント・ウハー周辺で建設される住宅団地や建物のインフラを整備するために、建設都市開発省の発注と住宅公社の資金で下水処理場を増設した。旧下水処理場は1,000㎥の下水を回収する能力があった。新しい下水処理場は2,000㎥の下水を回収する。下水処理場の建設は「Undesnii barilga-Consortium」（2013年にモンゴル国内の16の建築会社が作った会社）有限会社が統括する。「GeregeConstruction」有限会社、トルコのSpgグループ、Aritmグループと共同で高い技術を用いて実施している。この下水処理場はハン・ウール区で建築中の産婦人病院やアーカイブ、「ブーヤント・ウハー第1団地」の下水を処理する。下水処理所は、ウランバートル市の飲料水源であるトーラ川の水質を保護する上で重要な役割を果たす。

下水を98％まで処理できる自然に優しい技術を用いている。有機性汚濁

写真6　大草原を悠々と流れるトーラ川

撮影：2015年9月6日

図2　ブーヤント・ウハー団地の下水処理施設の配置図

出典：news. mn

を除去し、窒素やリンの化学物質を分類し処理できる。下水汚泥を乾燥させる装置、汚泥をろ過室で加圧するフィルタープレス装置や汚泥脱水機の装置で、国際的な基準で下水を処理してから自然に戻すシステムの全自動式機械が完備されている。設備は自動システム化されており、空調システムも自動制御システム化。これらのシステム化によって機械の故障リスクを低減している[13]。

4　ガッチョルト水源地概要

　ガッチョルト水源地開発については、5章で詳細に述べる。本章ではガッチョルト水源地開発の概要に留める。
　筆者は2015年9月4日にガチョルト水源地を調査した。ウランバートル市内から東へ車で、約1時間の所にある。周囲には民家があり、その民家の外れた小高い丘を登るとひときわ目立つ、スカイブルーの建物が目に入る。建物には管理人が一人と警備の警察官1名が配属されていた。管理棟の施設

写真7　ガッチョルト水源地の管理棟

撮影：2015年9月4日

写真8　ガッチョルト水源地

撮影：2015年9月4日

内を職員の方に案内されて部屋に入ると、中には近代的なパソコンと真新しい機械設備が設置されていた。職員の方に尋ねると「業務のほとんどはコンピューターが自動的に行うので、コンピューターを見て水の採取水量や流れを管理し、そして機械の設備を管理しているのが主な業務である」と答えて

写真9　ガッチョルト水源地の井戸

撮影：2015年9月4日

写真10　ガッチョルト水源地内を流れるトーラ川

撮影：2015年9月4日

くれた。コンピューターの画面には、井戸の位置と水の流れる様子が映っていた。また、「ガッチョルト水源地は大変新しく、良いシステムである。これらは日本からの援助によって開発した」と笑顔で話しをしていた。管理棟の前には日本の援助によって行われたことの証として記念碑が建てられていた。

写真 11　トーラ川の水源地への橋

撮影：2015 年 9 月 4 日

　当水源地はウランバートル市の水源地の 7 番目として 2014 年 12 月 1 日オープンした。
　筆者は、ガッチョルト水源地の管理棟を後にして水源地の現地に向かった。ガッチョルト水源地の担当の職員の方に連絡していたが、橋の前で約 20 分待たされ、担当者がなかなか来ないので橋を渡ると担当者が水源地内で待っていてくれた。トーラ川沿いには並列した木々があり、整備されたように一面がグリーンでウランバートル市内の他の水源地とは様相が全く違った光景であった。他の水源地の殆どが、砂漠化や荒れ地、乾燥地であったが、このガッチョルト水源地は木、緑があり、そしてトーラ川の表流水が目に入り、自然環境が満喫できる水源地である。このような地域であるがゆえに、別荘や観光リゾート地でウランバートル市民の人気の場であることが納得できた。水源地内は職員の方の案内で井戸・ポンプ小屋を見せて頂いた。近代的なポンプやコンピューターによって採取水量などが管理されていた。これらのポンプ小屋においても最新のポンプやコンピューター制御システムで自動的に稼働されていた。
　ここでガッチョルト水源地開発の概要を瞥見すれば、ガッチョルト水源周

辺の開発は、水源地開発のみならず、総合的地域開発計画がある。ウランバートル市地域委員会の「下町開発計画」[14] にそれを示している。例えば、ウランバートル市周辺の約60町村内に輸送基地や観光リゾート地、また農業地域を計画している。ガッチョルト村には水が絶えることのないトーラ川が緩やかに流れ、風光明媚な地域で別荘やキャンプ場があり、特に夏場はウランバートル市民の憩いの場となり多くの観光客訪れるほど人気の地域である。また、周辺の地域には学校や病院、郵便局、ボイラー施設などがある。

また、ウランバートル市地域委員会の「観光分野開発計画」[15] を見れば「2006-2010年にガッチョルト村を観光地や保養場として開発する」と述べている。これらの計画からガッチョルト村は、観光地として、また、新しい町として開発すべき地域になっていることがわかる。

そして、国家水資源委員会 (the National Water Committee)」の2012年度の報告書には、日本国政府からの無償資金協力により水源地を建設する[16]。ガッチョルト水源地には井戸を作り、採取水を吸い上げる水源地の中に貯水層を設けて水をプールし、ウランバートル市内の東北の地区に水を供給して行く計画が立てられた。

ガッチョルト水源開発により、ウランバートル市内に日量約25,000m^3の飲料水が供給されるとの事である。これによってウランバートル市は240,000m^3の前後の水供給量が確保されたことになる。

ガッチョルト水源地の現地の方々のお話では、日本の技術や開発システム、日本製の機器に対して強い信頼と満足していると話しておられたのが印象的であった。彼らは日本人の私に対してとても親切、丁寧に快く案内してくださったのも、このような水源地開発に対する日本の関係者の真摯でまじめな姿勢が彼らからの信頼を得ているものと感じた次第である。

このガッチョルト水源地開発をもって、ウランバートル市が計画した水源地の開発は全て終了した。現在7つの水源地によってウランバートル市の水供給量は当分の間は需要と供給の面では供給量が上回る。

この水源開発によって将来的な水の供給に不安を生じていた市当局は安堵

されたものと推測される。

5 おわりに

　モンゴル国は1992年2月12日に新憲法施行して新憲法によって「モンゴル共和国」から「モンゴル国」に改めた。社会主義体制から自由主義体制の道を歩んだ。この時点から確実に自由、民主、市場経済化が進んできた。特に、経済は緩やかに成長し続けており、2011年には高い経済成長率を達成している。

　従来の4つの水源地である中央水源地、工場水源地、精肉工場水源地、上流水源地に加えて2014年6月にはヤールマグ水源地、7月にはブーヤント・ウハー水源地、12月にはガッチョルト水源地の3か所を新たにオープンした。これによってウランバートル市の水源地は合計7か所となり、採取水量は280,000㎥／日を超える水量が可能となった。従来から、懸念されていた2017年以降のウランバートル市の水不足は当面解消されるであろう。しかし、現在のウランバートル市の人口は約1,300,000万人を超えているが、今後モンゴル国の人口増加や地方からの住民転住、そして、より一層の経済成長による加工産業の生産性増加などを予想すれば現在の採取水量には限界が来ることは明確である。

　政府や関係各位の中で、トーラ川の表流水の利用が取り沙汰されているようであるが、トーラ川にダム建設や水道施設建設の話題が幾度となく出てきているが、未だに結論が出ておらず、表流水の利用に至っていない。

　今後、モンゴル国の経済の更なる発展を予測すれば、水は「産業の血」といわれるほどあらゆる面においての基礎的な資源であり、水の確保が不可欠となる。現在のウランバートル市の水はすべて地下水からの採取で賄われており、将来を見据えた水事情を思考すれば地下水からの採取システムでは限界が生ずることは明白である。将来のウランバートル市の安定した水の需要と供給のバランスのとれた水事業には水量豊富なトーラ川の表流水を使用す

るシステムに変更することが賢明な選択と考える。

　そのためには水力発電所を伴う大型ダム建設でない、浄水場の建設が最も適している。ダム建設は急峻な山岳地帯や莫大な費用、環境破壊が懸念される。しかし、浄水場建設は平たんな地域での水道施設が可能で、直接トーラ川から取水することができ、また地下水の浄化・消毒なども併せもつ機能である。

　ウランバートル市の中心部の周囲は小高い山々がある地形であり、市内をトーラ川が流れ、そのトーラ川の伏流水が現在の地下水の各水源地である。冬季は極寒地であるがゆえに地下水の水利用が適しているようであるが、近代的な設備の浄水場であればオールシーズ可能である。また、地下水利用の経験豊富な能力を有していれば冬季以外は表流水を利用するなどいくつかの対策が講じられる。やがて迫ってくるウランバートル市の水不足の解消のために表流水の利用を早急に検討すべき課題であると考える。

1) http://www.montsame.gov.mn/jp/index.php/society/item/569-2030　アクセス2015年11月25日。
2) http://vip76.mn　2015年6月16日掲載。「賃貸住宅プログラム：2015年6月16日掲載」、アクセス2015年10月23日。
3) Olloo.mn「2017年にランバートル市は水不足になる：2015年9月29掲載」、アクセス2015年10月23日。
4) Uls turiin toim sonin、2014年3月2日。「2017年にウランバートル市の地下水資源がなくなる」(Mongol uls) 公社社長 Ts.Sosorbaram 氏のインタビューより引用。アクセス2015年9月26日。
5) Olloo.mn　2015年9月29掲載。「2017年にランバートル市は水不足になる」。アクセス2015年10月23日。
6) Olloo.mn　2015年9月29掲載。「2017年にランバートル市は水不足になる」。アクセス2015年10月23日。
7) odontuya.com 2012年5月25日掲載。アクセス2015年10月2日。
8) Olloo.mn　2015年9月29掲載。「2017年にランバートル市は水不足になる」。アクセス2015年10月23日。
9) http://www.water.mn「国家水資源委員会ホームページ2013年1月8日掲載」。アクセス2015年10月12日。
10) http://www.water.mn「国家水資源委員会ホームページ2013年1月8日掲載」。アクセス2015年10月12日。
11) http://www.usug.ub.gov.mn「ウランバートル市上下水道公社ホームページ：2015年9月7日掲載」。アクセス2015年10月12日。
12) http://dedbutets.mn「建設都市開発省ホームページ、2013年10月8日掲載―ブヤ

ント・ウハー団地の飲料水施設で 20 の井戸を作る」。アクセス 2015 年 11 月 15 日。
13）news.mn「ブヤント・ウハー団地の下水処理場をオープン 2014 年 4 月 7 日掲載」。アクセス 2015 年 11 月 15 日。
14）http://ubregion.ub.gov.mn「下町開発計画 2015 年 12 月 24 日」。アクセス 2015 年 12 月 28 日。
15）http://bzd.ub.gov.mn アクセス 2015 年 11 月 15 日。
16）http://www.water.mn/「国家水資源委員会ホームページ 2013 年 1 月 8 日掲載」。アクセス 2015 年 10 月 12 日。

第5章　ウランバートル市の都市開発と
　　　　ガッチョルト水源地開発

1　はじめに

　本章は、最近目覚ましい経済発展を遂げているモンゴル国首都ウランバートル市内の建設ラッシュ、商業地等での活況を帯びている中で、更なる経済発展を念頭にして、あらゆる産業や人間生活の中で不可欠な基礎的資源である「水」の確保についてのウランバートル市の都市開発によるガッチョルト水源地開発について現地調査を行い、その調査結果を基礎に考察したものである。

2　ウランバートル市の都市開発

(1) ウランバートル市の都市開発

　モンゴル国の人口は、1962年10月に人口100万人、1988年7月11日に200万人と年々増加してきた。そして経済成長の中において、ウランバートル市の人口は急激に増加し、人口の集中度が加速している中、社会インフラ整備が追い付かず、都市交通整備や住宅整備、エネルギー、水資源等の諸問題が大きな課題となっている[1]。

　2014年時点で、モンゴル国の人口の28％が電気、水道などの生活インフラ整備が整っているアパートで暮らし、残りの人々はゲルに住んでいる。首都ウランバートル市の人口は、現在約131万人で、中心部に約40％、ゲル地区に60％が住んでいる。

　ウランバートル市地域委員会のデーターによれば、ウランバートル市の1

世帯あたりの家族数は、2000年の初めに4.7人、2008年に4.4人、2013年に3.8人に減少しているが、ウランバートル市内に住む世帯数は増えている[2]。このように1世帯あたりの人数が減ってきているが、全体的にウランバートル市の人口は急激に増えている。

　首都ウランバートル市はモンゴル国人口の半数近くが集まる一極集中型の都市である。中心部の市街地は周辺の山の裾野のゲル地区と称される地域に、夥しいほどの数の一戸建ての住宅やゲルが一面に広がる。その数は年々増加傾向にある。このような状況下において、国及び市当局は住宅対策を講じている。ウランバートル市の開発に向けて、住宅融資のシステムが作られている。しかし、融資の対象になることのできない最貧困層も多く存在しているのが現状である。依然として居住水準の格差や住宅不足の問題を抱えている。

　ウランバートル市の住宅地を西と東に拡大することが中心部への集中を分散する上で効果がある。しかし、従来の社会インフラでは対応しきれず限界が生じている。ウランバートル市を東西に拡大するために、生活インフラ、電気、暖房を抜本的に改善することが急務となっている。

　政府はインフラ問題を総合的に解決するための施策を行っている。例えば、建設都市開発省はウランバートル市開発マスタープランを実施するために新団地の建設に関する「サブプロジェクト1」を実施している。「サブプロジェクト1」の目的は、「2020年までのウランバートル市開発マスタープラン」に基づき、ウランバートル市内で建設中の新団地のインフラ整備を充実するために、上水、下水、電気、暖房の設備拡充を行うことである。ウランバートル市の中心部の負荷を減らすために、「サブプロジェクト1」でブーヤント・ウハー団地、バヤンゴル・アム住宅団地、イレデウィ・ツォゴツォロボル団地、ソロンゴ団地、モンゴル国営放送公社周辺の住宅団地、第7番団地、ヤールマグ団地などの新しい住宅団地の建設を始めている。「サブプロジェクト1」では総合的なインフラを備え付けた新団地がウランバートル市内に誕生する。

表1 ウランバートル市内の世帯数と人数

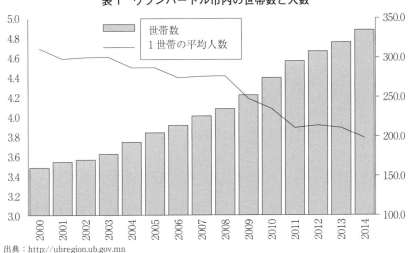

出典：http://ubregion.ub.gov.mn

　「サブプロジェクト1」の対象となる住宅団地、ゲル地区で生活インフラが整備された、建物、上水、下水、電気、暖房を備え付けた60,300戸の住宅、31,000人の児童生徒の学校、15,000人の園児の幼稚園、診断所、公共施設が建設される。新団地建設は、ウランバートル市内の人口集中を和らげ、首都機能を強化し、土壌、水、大気の汚染を防止する上で重要な役割を果たす。新団地では健康的で安全な環境を住民に提供できる。政府が新団地の建設を通じて、モンゴル国の経済を支えている民間会社、とりわけ建築業者を支援することになる。さらに、安い住宅を市民に提供することになるので、新団地のプロジェクトは、モンゴル国の社会にとって、将来を見据えた適切な政策として評価されている[3]。

(2) 下水処理場の現状と課題

　現在のウランバートル市の下水道普及率は約35％であり、整備済み下水管渠延長は約147.7km（ウランバートル市上下水道公社管理分のみ）で、約97,000世帯（約40万人）の下水を集めている。市中心部のアパートはすべて下水道

に接続されており、汚水は自然流下で収集され市中心部から西の方面に約12km離れた中央下水処理場で処理されている[4]。

　ウランバートル市には現在既存下水処理場が中央下水処理場をはじめ空港下水処理場、バガハンガイ下水処理場、バヤンゴル下水処理場、ダンブダルジャ下水処理場、バイオコンビナート下水処理場、バガヌール下水処理場（新・旧）の7ヵ所で合計241,590㎥／日の処理を行っている[5]。

　この中でも中央下水処理場は流入水量160,000～170,000㎥／日、処理能力230,000㎥／日を持つウランバートル市最大の下水処理場である。中央下水処理場は1964年に作られている。設立当初一日4,500㎥下水を処理する能力があった。1979年と1986年に施設を増設し、一日150,000㎥の下水を処理できるようになった。現在、一日165,000～170,000㎥下水を回収し処理している。施設に送られる下水の40％を工業廃水や汚染度の高い下水が占めている。そもそも中央下水処理場は、家庭の下水を処理するための技術で作られているが、現在企業の排水も増えている。「2020年までのウランバートル市開発マスター計画」と「2030年までのウランバートル市開発政策」では中央下水処理場を完全に改善し、増設することが盛り込まれている[6]。

　今後ウランバートル市の再開発には中央下水処理場の改善が不可欠である。中央下水処理場の設備の改善なしにはウランバートル市を開発することは不可能である。市内のヤールマグ、空港周辺に新団地を作り、ファーマー（酪農場）を建設する計画が進められている。しかし、ウランバートル市の飲用水の源であるトーラ川に完全に処理していない有害物質を含んだ水を放流しているのが現状である。これらを改善するためには市内の違法企業者に対して、管理を強化し、業務改善の命令を行い、従わない企業は閉鎖させるなどの措置を講じる強い姿勢で市当局は対応して行く。今後、中央下水処理施設を改善するために、具体的な取り組みを行う必要がある。そのために、短期・中期・長期計画を作成し、市民代表者会議に市民を参加させる必要がある。ウランバートル市民代表者会議で計画が可決され、毎年、市の予算に計上していけば、新しい下水処理場を作る予算の問題を解決でき、外国から特

写真1　老朽化が目立つ中央下水処理場

撮影：2013年9月2日

写真2　下水処理施設

撮影：2013年9月2日

別な条件で（優遇）資金援助を受けることも可能である[7]。

　下水処理施設の問題はウランバートル市にとってとても深刻な問題になっている。ハン・ウール区（ウランバートル市に9つの区がある）で下水処理施設を作るプロジェクトを建設都市開発省が実施している。この下水処理施設は、トルコの「HNC」社が建設する。下水処理施設で20,000㎥／日の下水

を処理するドイツの技術を用いる。下水処理施設を建設することにより、ウランバートル市の西南部の居住地の下水を 1,159m の下水管を通じて下水処理施設に流し込む。この施設にはゴミや砂を沈め、油を浮かせて取り除く設備、物理学的処理、生物学的処理をする無酸素タンク、微生物を含む汚泥を混ぜ、下水中の有機物を分解し、消毒する生物学的処理室、ろ過、消毒設備、汚泥処理施設がある。

下水処理施設では、近代的な機械装置によって出来た活性汚泥を完全に処理するので、下水が95％以上処理される。機械装置から出る活性汚泥や生物学的処理から出る汚泥を処理し、メタンガス（エネルギー）を発生させ、暖房を確保する計画である。下水をろ過処理し、赤外線で消毒するので処理した水は企業に供給し、自然に戻すことも可能である。

ウランバートル市内に高純度の水を供給し、生態系に悪影響が及ばないきれいな水を自然に戻す施策をウランバートル市上下水道公社が担当している[8]。

ウランバートル市内で営業している 28 の皮革加工工場の排水は中央下水処理施設にパイプを通して送られている。送られてくる排水は、まず消毒するが、各工場からの排水は基準に満たない排水（よく処理されていない）が多く送られてくる。本来なら工場内で基準内処理すべきであるが時には大きなゴミや混合物が大量に含まれている。下水処理場には皮革がまるごと送られてくる場合もある。全設備を改善していないため、下水のわずか 1／3 は汚泥処理設備を通しているのみである。設備が老朽化していると同時に設備が不備のため、送られてくる下水の 70〜80％が処理できればいいというような状況になることもある。

設備改善のプロジェクトは 2010 年から始まっている。このプロジェクトの範囲でいくつかの設備を新しく設置しているが、不足している設備もあるため完全に稼動していない。すべての設備を完全に改善しないといけないことを強調している。

産業省では、工業パーク建設を審議する委員会が作られている。この委員

会は、工場廃水処理場の大幅な改善について検討している。この調査では350〜400億トゥグルグの資金があれば、すべての設備を改善することができる[9]と述べている。また、工場廃水処理場の技術者は「国家監査局が工場廃水処理場で検査を行っている。しかし、浄化した水の水質を検査するだけである。下水を処理する設備の機能はどのようなものなのか、従業員がどのような環境で仕事しているのかを見ようともしない」[10]と述べている。

　工場廃水処理場の従業員は、労働条件が非常に悪い環境で働いている。月給は40〜50万トゥグルグである。不十分な福利厚生など、たくさんの問題を抱えている。工場排水処理場の従業員は健康研究センターに労働の環境評価を申し出ている。健康研究センターが工場排水処理場の空気中の汚染物質や従業員の労働条件などを評価することになっている。健康研究センターの評価により、従業員は労働環境の改善に向けて、次の取り組みを考えるという。マスコミでは飲料水施設が改善され処理能力が上がったというニュースがあるが、厳しい労働環境がまだ解決されていない。いずれにしても、下水を処理し自然に戻すために、すべての設備を改善し従業員の労働条件を改善するという話が数年前から始まったが、未だに解決されていないままである[11]。

　2014年10月27日、中央下水処理場の二人の従業員がアンモニアガスにさらされ、病院に運ばれた。汚泥を処理する施設の中でアンモニアガスが多量に発生するので、従業員は専用の作業服などを着ている。過去5年間は、このような中毒事件は起こっていなかった[12]。

　このような状況下において、ウランバートル市の中央下水処理場の改善の技術と事業採算性に関する第1回目の審議会が2015年11月3日に開催された。ウランバートル市の予算で2015年7月から「ウランバートル市の中央下水処理場の改善設計とコンサルティングサービスに関する契約」をフランスのAtilla Villa Transport社と結んでいる[13]。

　筆者が2013年9月に中央下水処理場を調査した時点においては、十分に下水が処理されずにトーラ川に放流されていた。これは中央下水処理場の施

設・機械の老朽化によるものと、市内からの企業排水と家庭排水が中央下水処理場に送られ大量の下水量のために中央下水処理場の能力の限界を超え、下水が未処理の状態で流されていた。その結果、トーラ川は汚染されている。

2014年8月と2015年9月にトーラ川沿いのソンギノキャンプ場周辺を調査した。未処理の下水汚物が川の縁に滞留しており、この周囲のトーラ川の水は下水そのものである。この周囲は鼻を突く悪臭がする。この地区を2年間にわたり調査したが、前年度と比べ改善は全くされておらず、むしろ悪化していた。汚物の滞留量が増し、水は前年度より汚染度が増していたように見えた。

このような状況下において、中央下水処理場改善のために上記のフランスの企業との計画が進むことを期待したい。

なお中央下水処理場の詳細な調査については第6章に記述する。

3 ガッチョルト（Gachuurt）水源地開発

(1) ウランバートル市の水源地開発

2014年にヤールマグ水源地、ブーヤント・ウハー水源地、ガッチョルト水源地の3ヵ所の水源地がオープンした。ウランバートル市には従来から中央水源地、工場水源地、精肉工場水源地、上流水源地を有しており、新たに3ヵ所の開発で合計7ヵ所となった。これによって採取水量は286,800㎥／日が可能となった。この水源地は全て地下水で賄われており世界でもまれなケースといえる。従来の4つの水源地は市の南方を東から西に流れるトーラ川の伏流水を利用する河川敷沿いに位置している。また、上流水源地は市内の東方に35kmのトーラ川の上流に位置する。これら4つの水源地は約240,000㎥／日を地下から採取した水を配水管網を通じて市内のアパート地区やゲル地区にはパイプキオスク及びトラックキオスクで給水している[14]。

ウランバートル市の水使用量はアパート居住者が約230ℓ／人／日で、ゲル地区の居住者は約7ℓ／人／日である。ゲル地区は住環境が整備されてお

らず、水の供給はキオスク（給水所）が水の販売を行っている。時間的な制限や水量によって十分に供給ができないこともしばしば起こっている。このような現状から、モンゴル国及びウランバートル市ではゲル地区の住民を近代的なアパート地区に転換する計画が進められている。ゲル地区への水道管（PE管）は2002年以降世界銀行の支援によって、約170kmのキオスクまでの配水管が整備されてきている[15]。

なお、上記において「キオスク」という言葉を使用しているが、ウランバートル市民は給水所（水販売所）を井戸（khudag）あるいは給水所を（us tugeekh gazar）と呼んでいる。キオスクは街中の小さな店を言っている。

モンゴル国での水利用は、飲料水をはじめ生活用水（都市用水含む）、農業用水（牧畜・灌漑）、工業用水などに利用されている。これら利用されている

図1　ダム建設計画位置図

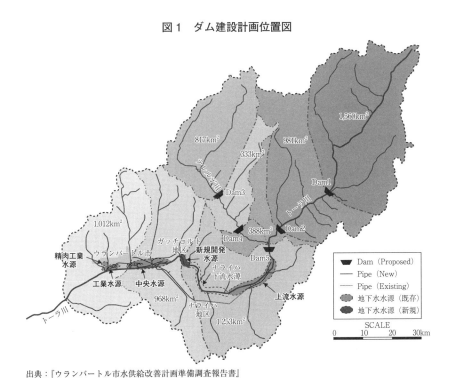

出典：『ウランバートル市水供給改善計画準備調査報告書』

水の中で 18.1％は生活用水が占めている。生活用水の全人口の 70％の住民は公共機関からの水利用と自前の井戸を所有し、残りの 30％は輸送管からの配水システムによって水を得ている。また、都市人口の 40％が上下水道を利用できるのみである[16]。ウランバートル市をはじめ全国の都市の上下水道のインフラ整備は不十分である。

(2) ガッチョルト村の開発と水源地

ガッチョルト水源地は、2014 年 12 月 1 日にウランバートル市の 7 番目の水源地としてオープンした。ガッチョルト水源地について、ウランバートル市地域委員会の「下町開発計画」[17] を見れば、ウランバートル市周辺の地域には、ナライハ町、バガヌール町、ガッチョルト村、ホンホル村、トーラ村、ソンギン村、ジャルガラント村、テレルジ村、バガハンバイ村などがあり、これらの町村で構成される。これらの周辺の地域は観光地、スポーツ施設、畜産業、農業、倉庫、原材料倉庫、輸送の基地として開発されており、

表 2　現在のウランバートル市の水源地と採取水量

2013 年 9 月現在

Ундны усны эх уусвэр ус ойборлолт		
эх уусвэрүүд	Тогтоогдсои неец (м³/хон)	Олборлож буй ус (м³/хон)
Тов станц	90300	66000-77000
Уйлдеэрийн станц	30300	24000-27000
Мах комбинатын станц	8800	13000-14000
Дээд эх уусеэр	89700	47000-49000
Гачуурт	25200	—
Яармаг	20000	—
Буян-Ухаа	22500	—
Нийт	286800	150000-160000

水源	確定水埋蔵量（㎥／日）	現在、採取している水（㎥／日）
中央水源	90,300	66,000～77,000
工場水源	30,300	24,000～27,000
精肉工場水源	8,800	13,000～14,000
上流水源	89,700	47,000～49,000
ガッチョルト水源	25,200	
ヤールマグ水源	20,000	
ブーヤント・ウハー水源	22,500	
合計	286,800	150,000～160,000

出典：ウランバートル市役所資料より著者作成

※上記ウランバートル市当局の発表数値と JICA 発表の取水量に相違がある。JICA 発表によれば四水源地の採取水量は 240,000（㎥／日）上流水源地 90,000㎥／日、中央水源地 110,000㎥／日、工場水源地 25,000㎥／日、精肉工業水源 15,000㎥／日で、井戸の増設や施設改良で採取水量が増加した結果による。

3 ガッチョルト (Gachuurt) 水源地開発

表3　現在のウランバートル市の水供給事情

Усны эх уусвэр	7 эх уусвэр (Тов станц, Уйлдвэрийн станц, Мах комбинатын станц, Дээд эх уусвэр, Яармаг, Гачуурт, Нисэх)
Дамжуулан шахах насосны станц Уунээс: тов шугамд Гэр хороолын шугамд	10 3 7
Гуний худаг	220
Цэвэр усны шугамын урт (км) Уунээс: ЗУХА (автомашинаар зооворлох) СНА (шугамаар тугээдэг)	566 256 310
Цэвэр усны шугамын урт (км) Уунээс: Товийн шугам Гэр хороолын шугам	548.4 351.4 197
Цэвэр усны шугамын диаметр (мм)	50-800
Цэвэр усны шугамын насжилт	5-55 жил

水源地数	7箇所（中央水源地、工場水源地、精肉工場水源地、上流水源地、ガッチョルト水源地、ヤールマグ水源地、ブーヤント・ウハー水源地）
配水ポンプステーション（その内）内訳：セントラル水道網に繋がったポンプステーションゲル地区用のポンプステーション	10 3 7
井戸	220
ゲル地区の飲用水供給施設内訳：タンク型の荷台を取りつけた貨車で水を供給する施設水道で水を供給する施設	566 256 310
上水配水管（km）内訳：中央配水管ゲル地区配水管	548.4 351.4 197
上水配水管の直径（mm）	50～800
上水配水管の寿命	5～55年

出典：ウランバートル市役所資料より著者作成

写真3　ガッチョルト水源地

撮影：2015年9月4日

写真4　ガッチョルト水源地の警備

撮影：2015年9月4日

現在、60くらいの小さい町・村が存在している。

　ウランバートル市はこれらの町・村を開発する2段階の計画を作成している。第1段階では（2006～2010年）それぞれの町・村の開発について触れているが、ガッチョルト村について「ガッチョルト村の総合開発計画」を作成

し、実施すると定めている。第2段階では（2011~2015 年）ウランバートル市周辺の町・村で、民間セクターの投資を誘致し、産業地域、住宅団地、ゲル開発計画を実施するとしている。ガッチョルト村はウランバートル市から約1時間のところにある。行政管理区では、ガッチョルト村はウランバートル市のバヤン・ズルフ区第 20 番地（モンゴル語でホローという）に位置する。

2015 年 12 月現在、バヤン・ズルフ区役所のホームページによると、ガッチョルト村のある第 20 番地に、2039 世帯、6476 人が住んでいる。第 20 番地の面積 8 万 ha、家畜数 3 万頭、常時営業している企業 25 社、季節的な営業をしている保養所 8、公立学校（小中高校）1 校（第 85 番学校）、幼稚園 1（第 63 番幼稚園）、病院 1（15 人収容）、診療所 1、警察署、自然保護所、ハーン銀行（モンゴル国最大の商業銀行）の支店、郵便局、ボイラー施設がある。ガッチョルト村にはトーラ川が流れており、緑豊かな場所で、ツーリストキャンプや別荘地として使われている。ウランバートル市民の中に別荘を持っている人が多く、ガッチョルト村は人気の地になっており、土地の売買価格は高い。ここに、民間会社が経営する夏休みの子供（小中学生）キャンプ場もある。

ウランバートル市地域委員会の「観光分野開発計画」で、2006~2010 年にガッチョルト村を観光地や保養地として開発すると発表した。これらの計画からガッチョルト村は、ウランバートル市周辺の観光地として、また、新しい町として開発すべき地域になった[18]。さらに、モンゴル国の水資源プログラムでもガッチョルト村について取り上げている。

モンゴル国の水資源プログラムの第 3.3.11 では「ウランバートル市の水供給の新水源、空港周辺（ブーヤント・ウハー）、ヤールマグ団地の水供給の新水源を建設する」と定めている。「国家水資源委員会 (the National Water Committee)」の 2012 年度の報告書によると、日本国政府の 3400 万ドルの無償資金協力により建設するガッチョルト村の新水源地の採取水量（20,000㎥／日）を確定している。新水源地の設計図を日本の「CTI」有限会社が作成し開発を 2012 年 5 月から始める[19]と称されている。

ウランバートル市上下水道公社は、ガッチョルト村で「ウランバートル市

写真5　ガッチョルト水源地

撮影：2015年9月4日

写真6　ガッチョルト水源地の井戸

撮影：2015年9月4日

の供水改善プロジェクト」を実施している。ウランバートル市の供水改善プロジェクトで日本の無償資金協力により680億トゥグルグの資金を投入している。

　ウランバートル市の供水改善プロジェクトでトーラ川流域のガッチョルト

写真 7　ガッチョルト水源地内を流れるトーラ川

撮影：2015 年 9 月 4 日

水源地で 21 本の井戸を作っている。井戸から水を吸い上げて、ガッチョルト水源地の施設内の貯水槽をプールし、消毒してから 700mm の直径のパイプを通じてウランバートル市の東北の地区に供給する。その結果、ウランバートル市内とゲル地区への給水量が増加する。プラスチックやガラス繊維を組み合わせ強化したプラスチック管を使用している。このプラスチック管は軽くて密度が高く、丈夫で容易に組み立てることができる高い技術が使われている。ウランバートル市上下水道公社の局長 S.Unen 氏は以下のことを話している。「このプロジェクトでモイルト渓谷に 21 本の井戸を作った。これらの井戸から 7.1km の長さのパイプを通じて 25,200㎥／日を送水して貯水する。さらに、18.8km の配水ラインでウランバートル市の飲用水システムに繋がる。新規の水源地によりウランバートル市の東部ハイラスト、ダンバダルジャー、ドローンブダールのゲル地区とスフバートル区のゲル地区の給水事情が改善される」[20] と述べている。

現在、平均 160,000～170,000㎥／日の水をウランバートル市内に飲用水として各水源地から供給している。今回、新しいガッチョルト水源地ができたので、ウランバートル市内に供給する飲用水は、約 25,000㎥／日が増加された。

近年、ウランバートル市で新しい団地が多く建設されている。それに従い、ウランバートル市はゲル地区に配水網の整備が計画されている。ウランバートル市は、地下水から飲用水を供給している世界でもまれな都市といえる。市は2020年に水資源量が極端に減少するという調査もある。そのため、市の水供給を世界基準に合わせるために地表の水を利用することを検討している。トーラ川で導水施設を作る計画がある。この計画を実現するために、ウランバートル市上下水道公社は市の予算に50億トゥグルグを計上することを検討している。このプロジェクトは、日増しに増加するウランバートル市民に対して安定的に飲用水を供給することを目的としたものである[21]。

2012～2014年間の事業でガッチョルト村において、JICAのプロジェクトで新しい水源地が完成した。このトーラ川流域のガッチョルト水源地は21本の井戸、貯水槽と強化プラスチック複合管が使用されている。採取された水は塩素で消毒している。新水源の水をウランバートル市の東北部の貯水槽にプールしてからウランバートル市に配水している。新水源開発によりゲル地区の配水量が増し、安全な水が供給されると期待されている。

第7番目のウランバートル市の水源地としてガッチョルト地区の水源地が2014年11月、正式にJICAからモンゴル国に引き渡された。この水源地完成によって北東配水地までの送配水管18.8kmが整備され、約39万人のゲル地区住民と市街地のアパート地区住民約4万3500人の生活環境と給水状況が改善された。これによりウランバートル市上下水道公社の給水力が増強された[22]。

4 おわりに

モンゴル国の人口が2015年1月に300万人目の大台にのり、国家上げての祝典が行われた。これはモンゴル国の順調な発展の過程の中の一つとしての象徴とも思われる。

1992年に「モンゴル共和国」から「モンゴル国」に改められて社会主義

体制から自由主義体制の道を歩んで 25 年の歳月が経過した。自由主義社会が国民に定着し、世界経済の影響も多々ある中で、モンゴル国の経済は堅調な成長を続けてきている。この経済成長によってウランバートル市内は近代的な高層ビルや国際的なオフィスビル、ホテル、交通網、アパート建設などで活況を帯びている。このような状況下において、ウランバートル市は日増しに増加する人口や市場経済の活況によって、従来からの市街地内の都市インフラに限界が生じている。国や市当局は都市開発として新団地建設や都市インフラ整備などに力を注いでいる。この拡大するウランバートル市の都市開発に伴って、生活インフラ整備も同時に進められている。その中で最も重要な課題の一つに「水」の確保があった。

今回の都市開発の中で 2014 年に 3 ヵ所の新水源地開発が行われた。これまでウランバートル市の水は 4 つの水源地で賄われてきた。従来の水源地は「中央水源地」、「工場水源地」、「精肉工場水源地」、「上流水源地」に加えて 2014 年 6 月には「ヤールマグ水源地」、7 月には「ブーヤント・ウハー水源地」、12 月には「ガッチョルト水源地」の 3 ヵ所を新たにオープンした。これによって 280,000㎥／日を超える給水が可能となり、人口増加が懸念されていた水不足、そして安全な水質確保の問題においても当分の間は回避されたものと思われる。

水問題は当分の間、回避されたかに思われるがウランバートル市の水源は全て地下水で賄われていることにいささか疑問を感じる。表流水を使用せず地下水のみの水源には、将来の人口増加や経済拡大に伴う水の需要に供給システムが追い付かない状況が、いずれ訪れる。水の需要と供給のバランスが崩れる可能性が大である。なぜなら、グローバル経済の渦の中でモンゴル国は伝統的な社会システムから脱却せざるを得ない。自由主義への転換によって職業や居住地が自由化され、遊牧民の一部が都市へ転住することが容易になった。

ウランバートル市の人口増加は地方からの転住者が多く、伝統的な遊牧民生活から定住型生活への変更である。ウランバートル市は現在約人口 130 万

人であるが、今後更なる人口増加が見込まれている。経済が発達すればするほど若者は都会への魅力から都市へ移住する。ウランバートル市は、今後においても人口増加傾向にある。

　この人口増加に伴い水の需要がさらに増加することは避けられない。そして、人口増加に伴う就業がある。特に、モンゴル国は鉱物輸出から加工工業による付加価値のある製品製造や開発が望まれる。"Made in Mongolia"の商品が世界を駆け巡る日はまだ遠い。

1) http://www.montsame.gov.mn/jp/index.php/society/item/569-2030 参照。アクセス 2015 年 11 月 25 日。
2) http://vip76.mn 2015 年 6 月 16 日掲載。「賃貸住宅プログラム」参照。「ゲル地区」とはウランバートル市の北部丘陵の斜面にゲル（遊牧民の移動式の家）や固定の家屋を建てて居住している。地方からの移住してきた人たち。
3) Olloo.mn「2017 年にランバートル市は水不足になる：2015 年 9 月 29 掲載」、参照。
4) 『モンゴル国：ウランバートル市上下水セクター開発計画策定調査詳細計画策定調査報告書』平成 25 年 6 月（2013 年）発行所独立行政法人国際協力機構地球環境部』、7 章 P1 参照。
5) 前掲書：7 章 P2 参照。
6) http://www.news.mn、News.mn 2015 年 11 月 3 日掲載、「中央下水処理場改善について審議する会議を開催」参照。
7) www.medeelne.mn、2015 年 11 月 16 日掲載、「新しい下水処理場を建設する」参照。
8) http://dedbutets.mn、2015 年 8 月 18 日掲載、「建設都市開発省 PH、「ウランバートル市の西南部の汚染問題が 2015 年に解説される」参照。
9) 『Newsweek 新聞』2015 年 5 月 21 日掲載、「下水処理施設のすべての設備を改善する必要がある」。
10) 前掲書「下水処理施設のすべての設備を改善する必要がある」参照。
11) 前掲書「下水処理施設のすべての設備を改善する必要がある」参照。
12) http://www.news.mn/、2014 年 10 月 30 日 News.mn 掲載、「下水処理場の従業員が入院している」参照。
13) http://www.news.mn、2015 年 11 月 3 日 News.mn 掲載、参照。
14) JICA『モンゴル国：ウランバートル市上下水セクター開発計画策定調査詳細計画策定調査報告書』平成 25 年 6 月（2013 年）独立行政法人国際協力機構地球環境部』第 5 章 P1 参照。
15) JICA 前掲書第 6 章 P9 参照。※ PE 管とは「下水道用ポリエチレン管（日本下水道協会規格 JSWAS K14」http://www.eslontimes.com/system/items-
16) 藤田昇、加藤聡史、草野栄一、幸田良介編著『モンゴル　草原生態系ネットワークの崩壊と再生』発行所　京都大学学術出版会、2013 年 10 月発行、73 頁参照。
17) http://ubregion.ub.gov.mn「下町開発計画 2015 年 12 月 24 日」参照。アクセス 2015 年 12 月 28 日。

18) http://bzd.ub.gov.mn　参照。アクセス 2015 年 9 月 15 日。
19) http://www.water.mn/　2013 年 1 月 8 日掲載、「国家水資源委員会ホームページ」参照。
20) www.usug.ub.gov.mn　2015 年 9 月 4 日掲載、「ウランバートル市上下水道公社ホームページ：ガチョルトで新規の水源地オープン」、参照。
21) 　前掲書「ウランバートル市上下水道公社ホームページ：ガチョルト村で新規の水源地オープン」、参照。
22)『国際協力機構─モンゴル事務所』発行所 JICA モンゴル事務所、発行日 2015 年 3 月、参照。

第6章　モンゴル国の水環境
―― ウランバートル市の中央下水処理場 ――

1　はじめに

　筆者は2013年8月下旬から9月上旬にかけてウランバートル市を訪問した。今回の訪問の目的の一つにはウランバートル市の下水処理場である「中央下水処理場」と上水道水源地の一つである「中央水源地」の調査が目的である。

　本章は、ウランバートル市の水環境汚染状況把握の一環として、中央下水処理場を題材に、その現状と課題について考察したものである。

2　ウランバートル市の水概要と中央下水処理場

(1) ウランバートル市の水の概要

　モンゴル国は近年急激な発展によって、水需要が増加している。ウランバートル市においては工業用水や都市用水、生活用水等の水需要が増加傾向にある。特に、産業用水としての水需要が増加傾向にある。水は産業の血と言われているほど不可欠なものである。経済の発展に伴って産業界においてはより一層の水の需要が増すことは明白である。また、経済成長することにより、国民の所得が向上することに伴って国民のライフスタイルに大きな変化がもたらされる。そして都市インフラ整備が進み従来の都市から近代的な都市へと変貌することによって、より一層の都市用水、生活用水等の水需要が伸びて行くものと推測される。このような経済発展の過程の中での水需要増加傾向はモンゴル国だけの事ではなく、過去の経済成長を成し遂げた先進国

や経済大国が辿った道程でもある。

　但し、モンゴル国の全体の水需要と供給については、世界の国々とは相違がある。それは、農耕を主とした国々では、水消費の比率は農業用水（灌漑用水を含む）が約70％、工業用水が約20％、生活用水約10％である。しかし、このモンゴル国は騎馬民族であるがゆえに、牧畜産業が伝統的に行われ、農作物の生産は殆ど行われていない歴史的背景がある。それゆえに農業用水関係の水需要は現在においても極端に少ない。

　最近では、国民間において健康志向が重要視され、野菜を食べる機会が増え、国内において野菜等の農作物の生産が徐々に多くなりつつあると聞く。このような伝統的産業や社会構造の中で、モンゴル国の水需要を見れば、年間5億㎥とされている。その内約半分の2億2,230㎥が全国の工業用水として使用されている。

　国民全体の生活水の使用量を見れば30.5％は、セントラル給水管網を利用しており、60.4％は水道や給水所から使用し、そして河川や泉、氷、雪などから直接利用しているのが9.1％である[1]。ウランバートル市の水使用量比率はアパートでは53％、個人住宅のゲル地区は2.5％である。産業関係等で

写真1　ザイサン丘から望むウランバートル市

撮影：2015年9月5日

写真2　市内を流れるトーラ川

撮影：2013年9月2日

の水使用比率量は発電所24％、商業・ビジネス関係が11％、農業・畜産業が3.7％、組織（官公庁など）・企業は6.5％の使用比率量がある[2]。ウランバートル市の給水量の比率は生活用水が半分以上の55.5％を超えて、次いで産業用水の順となっている。

　ウランバートル市の人口約131万人のうち4割はアパートに住んでいるが、6割はゲル地区に住む貧しい市民である。この住民は地域集中暖房設備や給水システムが無い[3]。ウランバートル市の厳しい気候条件下における水道施設においても、その防寒対策を講じなければならない。水道管凍結防止、凍結によるパイプ破損を防ぐために、水道管を地表より2〜4mの深い地中に敷設し、地上近くの水道管や地上の水道管には、ヒーターを併設する等の凍結対策が講じられている[4]。ウランバートル市は気候条件の厳しい都市だけにより一層の負担が強いられている。

(2) 中央下水処理場の変遷

　中央下水処理場は1964年に設置された。当初は一日45000㎥の排水を受け取り、機械方式で45％まで処理していた。ウランバートル市の発展に伴い1979年と1986年には施設を増築し機械設備を改善し、近代的な設備で稼働力の向上に努めた。

現在の中央下水処理施設は、一日 16 万～17 万㎥の排水を引き受け、機械方式と化学方式で処理し紫外線で消毒処理して自然界に戻している。72％まで水分を抜き取り、保存場所で乾燥させている。

　ここでウランバートル市の下水処理場の時代的変遷を 1959 年の時と 2009 年の設備施設の比較を表 1 にまとめた。

　また、ウランバートル市の下水に関する施設事業等の変遷をウランバートル市水道局の資料[5]から一瞥する。

〇 1998-1999 年
「トーラ川の汚染を処理するプロジェクト」：
オランダ政府の無償援助により、国連の開発プログラムの一環で、旧市場の近くにあった施設をデンマークの COWI,Intertec 社と協働で完全に自動化した。その結果、電力消費量を 50％減らすことができた。

〇 2001-2002 年
「トーラ川 21 プロジェクト」
オランダ政府の無償援助により、中央処理場の水使用量を測定する機械、企業排水サンプル回収機械、ラボラトリー用機械を購入した。42 の企業で定期的に検査を行い、一部の企業の技術を改善した。

〇 2002-2004 年
「中央下水処理場の機械設備改善プロジェクト 1」をスペインの資金援助（950 万ユーロ）により実施し、機械設備を 50％改善した。

〇 2007～2009 年
「中央下水処理場の機械設備改善プロジェクト 2」をスペインの資金援助（470 万ユーロ）により実施し、機械とバイオ処理の機械、土を固め水分をとる機械（湿度を 96％から 72％まで減らした）を改善した。

〇 2007-2009 年
韓国の DOOHAPCLEANTECH 社と協働で、処理水を紫外線で消毒する環境にやさしい技術を導入した。

　2013 年に世界銀行の資金援助により、上水ラボラトリーと下水ラボラトリーを合併させ、最新の機械設備を設置した。水道管理局の管轄下に、2013 年 10 月 26 日から新しいラボラトリーがオープンした。これにより、水のコントロールを強化し、飲用水の源であるトーラ川と、トーラ川に合流するその他の小川の水質を常時にコントロールし、土壌の汚染の検査を段階的に実施し、汚染地域を確定し、水を消毒する技術をより改善した[6]。

表1　中央下水処理場の1959年と2009年の設備施設の比較

	1959年	2009年
水管（km）	15	348
下水水管（km）	8	154
水保存施設（㎡）	1,000	54,500
ゲル集落水管（km）	—	173
ポンプ式のスタンド	2	7
水運搬車	17	60
下水運搬	—	5
水損失	—	10
水保存施設（㎡）	1,000	5,500
水供給施設	16	466

出典：『Уссувгийнудирдахгазар"Уссувгий нудирдахгазар"』より筆者作成

写真3　中央下水処理場

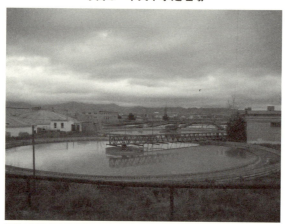

撮影：2013年9月2日

(3) 中央下水処理場の現状

　モンゴル国には下水処理場が103ヵ所存在しており、この中でも41ヵ所が順調に稼働している。その他の下水処理場は老朽化や設備等の不具合により

写真4　老朽化の目立つ施設

撮影：2013年9月2日

稼働を中止している[7]。

　また、2010年現在でモンゴル国内には107ヵ所の下水処理場があり、その中で全く稼働不能の下水処理場が25ヵ所あり、32ヵ所の下水処理場が稼働能力の半分の能力で稼働しているのが現状である[8]。

　現在、ウランバートル市内での主力下水処理場は中央下水処理場である。この下水処理場はウランバートル市の一般家庭からの排水と市内の工場からの廃水・排水を処理している。この中央下水処理場は、いわばウランバートル市の排水を一手に引き受け処理している主力下水処理場である。市内には大小合わせて下水と鉱業排水を処理する下水処理施設が12ヵ所あるといわれている。その中でも中央下水処理場が最も大きく、どの処理場よりも稼働率が高く、処理能力を備えている。1日に16万～17万m^3の排水・下水を90～92％まで処理浄化している。これらはスペインの貸付金1500万ユーロで設備改善を行っている。期間は2003から2008年の間に二段階に分けて工事を行い、新しいポンプを設置した。また、2008年には施設整備を行い、新たに放射線により殺菌をする設備を設置した。

調査時においては、この施設の処理能力の負担が大きく、稼働可能能力を超えている。家庭の排水が日々大幅に増えていると専門家が指摘している。中央下水処理場の機器設備は長年修理を行っていないために、コンクリートの容器など部分的に老朽化が顕在化している。

　調査時において、この中央下水処理場を企業・工場など138社が利用している。その主な内訳はウランバートル市の皮革工場2社、毛・カシミア工場27社、洗車サービス会社47社、家畜大腸加工工場16社、ウオッカ・ビール工場21社等の会社が廃水・排水を送り、その処理を行っている。

　ウランバートル市で、工場を持っている皮革なめし、家畜大腸加工工場、毛・カシミアの工場は、材料加工のために約30種類の化学薬品を使っているというデーターもある。これらの工場は化学薬品を使用することによって廃水・排水は、より一層危険な濃度で廃水・排水が中央下水処理場に送られているのが現実である。また、ウランバートル市内にHargia排水処理場を設け市内の皮革工場の約20社の廃水・排水を処理している。

　Hargia排水処理場は1972年に旧ソ連の技術で設置された。1985年に施設拡充を行い、その稼働率は一日13,000㎥の排水を処理することが可能になった。繁忙時には一日13,000㎥の初期排水処理を行い、その後、中央下水処理場に送っている。Hargia排水処理場は皮革工場内の廃水・排水の初歩的な下水処理であって、完全な処理は中央下水処理場に委ねている[9]。また、工場団地から22,000㎥／日の排水（硫酸系70％、クロム系30％）が検出されているという。そして排水の一部は未処理のまま垂れ流しの状態である[10]。そして、市内の某皮なめし工場では、行程で大量の化学薬品の塩化アンモニウム、塩基性硫酸クロム、重炭酸ナトリウム等が使用されている[11]。

　このような状況の中で「オヨ・トルゴイ」社は、節水を掲げて操業を行っており、工場からの排水100％を浄化処理し、さらに処理した水を再生水として再利用まで行っているとモンゴル通信2012年5月18日と8月17日付で発表している[12]。

　中央下水処理場は、一般家庭からの生活排水と上記のように企業・工場等

からの産業廃水・排水が送られ、それを同時に処理しているのが現状である。中央下水処理場の関係者の話では、産業排水からの廃水・排水の送水パイプは直径140cm、アパート等からの排水の送水パイプは直径120cmで排水が当処理場に送られてくる。当処理場は16万〜17万㎥／日の処理能力があるが、現実には全体の85％が限界とのことであった。ある報道によれば、一日17万㎥の排水処理された水がトーラ川に流されている。100％処理してから川に流すべきであるが中央下水処理場では稼働に負担が大きく、88〜93％が限界であり、残りの約7〜15％が未処理でトーラ川に流されている[13]。

　2000年時点のデーターによれば、ウランバートル市の下水処理率は半分の50％しか処理されていない。未処理の工場排水や鉱業廃水を垂れ流し、未処理の状況で流すことによって、水源は水銀やシアン・ナトリウム、硫酸アンモニアなどの有毒な化学物質によって汚染さている地域もある。ウランバートル市内の汚水のほとんどがトーラ川に流れ込んでいるのが現状である[14]。

　一方において、ウランバートル市の水道管理局のホームページによれば、

写真5　下水処理中

撮影：2013年9月2日

中央下水処理場では、BOD（BiochemicalOxygenDemand＝生物化学的酸素要求量）を 15.7〜35.7％、COD（ChemicalOxygenDemand＝化学的酸素要求量）7.7〜8.9％、SS（浮遊物質）を 7.5〜28.8％、TN（全窒素）を 11.08〜13.2％、TP（全りん）を 4.4〜5.2％まで減らして浄水していると公表している[15]。

(4) 中央下水処理場の課題

　筆者は、この中央下水処理場の調査を 2013 年 9 月 2 日に行った。第一印象は全てが老朽化の施設であり、設備はメンテナンスを施しながら何とか維持している感じを受けた。そして施設内は鼻を刺すような悪臭が漂っていた。この施設が造られてから 49 年が経っていることもあり、諸般の事情により近代的な設備や技術が遅れたものと考えられる。その例として中央下水処理場は 16〜17 万㎥／日の処理能力があるが、日増しに増加する排水の内、全体の約 85％は処理可能であるが残りの約 15％は未処理のままトーラ川に流されている。

　この状況が継続し続ければ、いずれトーラ川は"死の川と化する"結果に

写真 6　老朽化が目立つ機械設備

撮影：2013 年 9 月 2 日

写真7　汚泥乾燥処理

撮影：2013年9月2日

なることは明白である。なぜなら、最近モンゴル経済は好調な発展をなし、今後においても経済が成長すれば、経済成長優先が先行し自然環境の悪化は避けられない。水質汚染や大気汚染はより一層増し、自然豊かなウランバートル市の環境は破壊されるものと推測される。早急な中央下水処理場の近代的な設備施設の施工をしなければならない。市政府や企業、市民が一丸となってウランバートル市の環境保全の意識で推進すべき課題である。

今後、ウランバートル市の中央下水処理場は企業・工場等からの廃水・排水や一般家庭からの排水を100％完全処理してトーラ川に流さなければならない。

3　ウランバートル市内のトーラ川汚染

モンゴル国は近年急激な経済成長により、国内の各インフラ整備が経済成長に追い付けず、その対応に苦慮する一面がある。例えば、大量の自動車により交通渋滞が頻繁に発生しており道路の未整備や首都ウランバートル市への一極集中による人口増加、住宅難、大気汚染、飲料水の水質汚染など多く

の課題が山積している。その中で、ウランバートル市内の下水処理場は大きな課題を抱えている。ウランバートル市内の下水処理場が十分に下水処理を行わずトーラ川に流す為に川の水質が汚染されている。このような状況で水質が汚染されれば重大な問題が発生する。それはウランバートル市の飲料水は全てトーラ川流域の伏流水を利用した地下水で賄われているからである。市内には水源地が上流水源地、中央水源地、精肉工場水源地、工場水源地と4つ存在している。2014年には、ヤールマグ水源地、ブーヤント・ウハー水源地、ガッチョルト水源地が開発された。これらの地下水源地の井戸から水をポンプアップしている。

　トーラ川はモンゴル国内において最も汚染度の高い川であり、これは人的被害によって汚染されたものである[16]。トーラ川が何らかの影響により汚染されれば、地下水が汚染され、感染病が発生し、ウランバートル市内や国内に広がる恐れがある。飲料水に含まれるカルシウム、マグネシウムの量が少なく、人の体に良い物質が不足している。また、フッ素が1ℓ当たりの0.1mgと少なく、基準値以下になっているため、子どもの虫歯が増加傾向に

写真8　汚物処理

撮影：2013年9月2日

写真9　草原の中央水源地

※この広大な中央水源地内の88本の井戸からポンプアップして取水している。この水源地が汚染されればウランバートル市民の健康被害が危惧される。
撮影：2013年9月2日

写真10　トーラ川の魚の死骸

出典：http://english.news.mn/content/144874.shtml

あり成長に影響を与えている。中央下水処理場が不十分な処理済みの下水をトーラ川に流しているため、臭い、濃い緑色の藻類が増え、川の流域で生活している一般市民や家畜を持っている遊牧民の健康被害や農産物の品質に影響を与えている[17]。

　近年、天然資源が豊富なモンゴル国で、この天燃の鉱山開発が経済の牽引

写真 11　トーラ川の魚の死骸

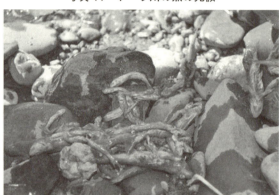

出典：http://english.news.mn/content/144874.shtml

写真 12　家畜の奇形

出典：MNFAN（miniihcom）2012-08-18
※トーラ川の水を飲料したために、奇形の家畜が生まれたと考えられている。

役を担い、国内の経済成長率は著しく発展し雇用の拡大が増加している。これらの経済発展に伴って水需要が増加するに従い河川の汚れ、河川の流れるルートの変化などが起こっている。排水を再利用する技術が不十分であるために、インフラ、工業、鉱山分野において排水を処理し、水を大切に利用す

る意識と循環型水利用政策が欠如している。

　多くの企業が小・中規模の下水処理施設を持っていないために未処理の状態で排水を流し続けている。下水処理施設がある企業においても排水処理の機械設備が老朽化のために十分な排水処理を行うことができないのが現実である。ウランバートル市の中央下水処理場は、産業用の排水と家庭用の排水を合わせて同時に処理するシステムである。この処理システムに対して一部の識者からは異論があり、産業用や企業施設用の企業・工場排水パイプと、生活用の排水パイプが共同利用することは問題であり、これらを切り離すことによって廃水・排水が明確化される必要がある。水の再利用のための政策・措置が必要である[18]。

　中央下水処理場が不十分な下水処理を行ために、トーラ川の水質悪化に大きな懸念が持たれている。鉱山開発が活発に進む中で鉱山開発からの廃水を起因とするトーラ川の水質の汚染が発生している。写真10や写真11はトーラ川の水質汚染による魚の死骸である。中央県にあるザーマル地区の金鉱開発の排水と、ウランバートル市内や河川集落から出される生活排水などが原因とされてきた[19]。

　最近では、トーラ川の汚染により、河川沿いの住民や家畜に影響が出ている。ウランバートル市の不適切な下水処理の放流によってトーラ川の水質が悪化し、飲料水として使用してきた家畜に異変が表れている。家畜の流産や奇形の出産、そして魚類死骸が散見されている。

4　おわりに

　モンゴル国は1992年以降、社会主義体制から市場経済導入以来、紆余曲折を経て健全な国家作りを推進してきた。特に、経済面においては2000年代に入ってからは驚異的な経済成長を続け、2011年には経済成長率を17.3％、2012年には12.4％と順調な経済発展を為し遂げ、更なる経済成長へと進んでいる。

しかし、経済発展には「光と影」が表れる。一方においては更なる発展を続け、一方においては、その犠牲の部分も現れるのが常である。その犠牲を基礎に発展している。その影響があらゆる形で社会に現れる。幾つかある中で、その一つが環境問題である。

　環境問題は加害者と被害者が表れる。それは互いに被害者でもあり、加害者にもなるのが現代の環境問題の難解さの一つである。モンゴル国において急激な経済成長により、豊かな天然資源開発が自然環境破壊を招いている。

　「開発と保全」の関係は、過去の先進国も同じ道程を経て経済大国へと成長した。この開発と保全の関係は、今後さらなる成長を続けるモンゴル国においても避けることのできない永遠のテーマである。経済成長をなす為には環境が犠牲になるものではなく「持続可能な開発」の方向へとの経済政策を変えなければならない。

　モンゴル国の経済成長は始まったばかりであり、今後さらなる経済成長の段階において「開発と保全」の両立が求められる。

　今回のウランバートル市の中央下水処理場調査においては、施設の老朽化による処理の能力の欠如や技術面での技能不足などが顕在している。ウランバートル市の中央下水処理場が最終下水処理場として市内のほとんどの下水処理を行うには限界がある。首都ウランバートル市の下水処理場を何ヵ所かに分散すべきである。

　中央下水処理場の施設拡充と近代化を早急に推進し、各地区に近代的な下水処理場の建設が必要である。人口約131万人を擁する首都ウランバートル市には近代設備の能力の高い下水処理場の建設をしなければならない。市街地や新興地域などへの施設建設を急ぐべきである。そして、産業廃水・排水と一般生活排水の分離化を早急に行わなければならない。トーラ川の水はウランバートル市民の飲料水でもあり、その飲料水の源をウランバートル市の排水で汚している。これは環境被害や健康被害であり、持続可能な環境循環にはならず悪循環である。過去の経済大国の教訓を学び自ら足元を再考すべきである。

4 おわりに 97

トーラ川の自助浄化能力にも限界があることを忘れてはならない。

1) 佐々木健悦『検証 民主化モンゴルの現実—モンゴル・日本が直面する課題』社会評論社、2013 年 4 月、P146 参照。
2) 拙稿「モンゴル国の環境と水資源—ウランバートル市の水事情を中心として」、中央学院大学社会システム研究所紀要第 12 巻第 2 号、2012 年 3 月、P106 参照。
3) www.joi.or.jp/modules/downloads.../index.php?..、アクセス 2013 年 1 月 10 日、鎌田卓也「モンゴルの所感」2010 年 11 月、P44 参照。
4) www.joi.or.jp/modules/downloads.../index.php?..、アクセス 2013 年 1 月 10 日、鎌田卓也「前掲書」2010 年 11 月、P42 参照。
5) 『Уссувгийнудирдахгазар"Уссувгийнудирдахгазар"』、ウランバートル市役所発行、発行日不詳、P8〜9 参照。
6) 前掲書、ウランバートル市役所発行、発行日不詳、P7 参照。
トーラ川とは「トール川(トゥール川、トゥール・ゴル、モンゴル語:Туул гол、英語:TuulRiver)は、モンゴル国の中部から北部にかけて流れる川である。資料によっては、トーラ川(トラ川、ToLaRiver)ともいう。中国語では土拉河(拼音:Tulahe)。長さは 704km、流域面積は 49,840㎢。」出典:ja.wikipedia.org/wiki/
7) 水道管理局のホームページ www.usug.ub.gov.mn 参照、アクセス 2013 年 6 月 12 日。
8) 佐々木健悦『検証:民主化モンゴルの現実』社会評論社、2013 年 4 月、P146 参照。
9) Niisleltimes 新聞 2013-03-14 参照。
10) 大江 宏「モンゴルの環境事情寸描—ウランバートル市を中心に—」『亜細亜大学経営論集』第 47 巻第 2 号、2012 年 3 月、P37 参照。
11) 大江 宏前掲書『亜細亜大学経営論集』第 47 巻第 2 号、2012 年 3 月、P38 参照。
12) 佐々木健悦『検証:民主化モンゴルの現実』社会評論社、2013 年 4 月、P146 参照。
13) MMINF.COM2013 年 3 月 20 日参照。
14) 佐々木健悦『検証:民主化モンゴルの現実』社会評論社、P146 参照。
15) 水道管理局のホームページ www.usug.ub.gov.mn 参照、アクセス 2013 年 6 月 12 日。
16) 岩田伸人『モンゴルの光と風』、(株)日本地
17) 域社会研究所発行、2008 年 6 月、P146 参照。
17) モンゴル国国家監査局「モンゴル国水資源の保護、使用状況」2011 年、P11 参照。
18) モンゴル国国家監査局「モンゴル国水資源の保護、使用状況」2011 年、P15 参照。
19) 拙稿『モンゴル国の環境と水資源—ウランバートルの水事情を中心として』中央学院大学社会システム研究所紀要第 12 巻 2 号、2012 年 3 月、P108 参照。

[参考文献]
1. 岩田伸人編著『日本・モンゴル EPA の研究鉱物資源大国モンゴルの現状と課題』、文眞堂、2013 年。
2. ダシュドング・ゲレルマ著『夢と希望の大国!モンゴル』、日本地域社会研究所、2013 年。
3. FOREIGNAFFAIRSREPORT2013NO.6。
4. 紀谷文樹監修『水環境設備ハンドブック』、オーム社、2011 年。

5. 世界史リブレット 99『モンゴル帝国の覇権と朝鮮半島』、山川出版、2011 年。
6. 浅野孝監訳委員会顧問『水再生利用学』、技報堂出版、2010 年。
7. 白石典之『チンギス・カンの戒め』、同成社、2010 年。
8. 柳　哲男・植田和弘『東アジアの越境環境問題』、九州大学出版会、2010 年。
9. 吉田　隆『海外における水ビジネス最前線』、(株)エヌ・ティー・エス 2009 年。
10. 関　満博、西澤正樹『モンゴル市場経済下の企業改革』、新評論、2002 年。
11. 文・バーバル、写真・エンフバト『モンゴル人』訳：佐藤和久、モンソダル社、2002 年。

第7章　モンゴル国　トーラ川の汚染の実態
──ウランバートル市のソンギノキャンプ（Couwor aupaum）場周辺を中心に──

1　はじめに

　ウランバートル市における水事情を題材に検討した。モンゴル国は近年著しく経済発展を遂げている。この経済発展により首都ウランバートル市は急速な社会インフラ整備や近代的な建物や住宅建設などが進められている。このような状況下において全国からウランバートル市に移り住む人々が増加し、全人口の約47％がウランバートル市に集まる一極集中の都市となっている。このような状況下において社会インフラ整備が追い付かないのが現状である。その中の一つに水に関するインフラ整備が進んでいないことの課題がある。

　ウランバートル市内の水の利用は居住形態によって異なり、伝統的な市街地にあるアパート地区には各戸給水の上水道・下水道や暖房用温水パイプが整備されている。一方、市中心地周囲の山の裾野にあるゲル地区においても夥しい数の人々が生活している。こうした、郊外のゲル地区に住む人々の生活用水は、市内からトラックで運ばれた水を飲料水販売所（us tugeekh gazar）で購入することで賄っている。このゲル地区の人々は当然ながら水道だけでなく、下水道設備のない生活を強いられている状態にある。

　著者は2014年8月22日から9月3日まで、モンゴル国ウランバートル市に滞在した。その目的は、ウランバートル市の水道水源である、「上流水源地」「工場水源地」「精肉工場水源地」の調査、ウランバートル市の上水道事態調査としてゲル地区の上水事情の調査、そしてウランバートル市を流れる

トーラ川の汚染状況の調査である。

本章は、これらの調査をもとに、ウランバートル市内を流れるトーラ川汚染の実態とその汚染原因について考察を行ったものである。

2　ウランバートル市の水資源とトーラ川

モンゴル国は東アジアの北部に位置しロシアと中国に挟まれた内陸国である。国土面積は日本の約4倍の156万410km²を有する。2012年モンゴル国家統計委員会（以下「NSC」）によれば、人口は286万8,000人あり、首都ウランバートル市の人口は131万8,100人である[1]。人口密度は、極めて低く1km²あたり1.84人である[2]。気候は大陸性気候で、年間を通して乾燥しており、降水量が少なく年間を通して200mm前後で東京の1／4以下である。気温の高低差が大きく、夏は40℃近くまで上昇し、冬は零下30℃以下まで低下する厳冬である[3]。

モンゴル国における再生可能な淡水資源の体積は国土面積当り2万2,249m³／km²である。これらの数値は隣接するロシアや中国と比較すると、11〜13分の1であり、日本の51分の1である。一人当たりの水資源量を見るとモンゴル国では人当たり1万2,833m³で、ロシアの2分の1ではあるが、日本や中国の4〜6倍多いとされる。「水ストレス」の値も世界平均で「水ストレス」を抱える国の8〜9分の1程である[4]。モンゴル国は国土面積が広大であるが、国の人口が少ないため、一人当たりの水資源量が多い結果となる。

モンゴル国の地表水源は合計毎年608.3km³と推定され湖が500km³、氷河62.9km³である。これらの内、年平均で地表水が32.7km³、地下水が6.1km³（内基底流として4km³が河川に戻る）である[5]。地表水の70％は、モンゴル国の北部、西部のアルタイ、ハンガイ、ヘンティー、フブスグル、イフ・ヒャンガニ山脈を主水源として流れる。これらの山脈はモンゴルの国土の30％を占める。これらの山脈を水源とする地表水は、オルホン川、セレンゲ川、ヘルレン川、トーラ川、ザブハン川等の三つの集水系に分かれて、北極海、太平洋、

中央アジアの河川へと注いでいる[6]。

　モンゴル国には4000を超える大小の河川があり、ロシアと中国に流れる河川が210存在する。その流出量は毎年ロシアへ25km³、中国へ1.4km³の水が越境すると推測されており、流水の60％が両国に流れ、40％が湖や地下の帯水層を涵養している[7]。モンゴル国内の河川の長さは合計で6万7000kmにおよび、代表的なものとしては、オルホン川、セレンゲ川、ヘルレン川、トーラ川、ザブハン川等がある[8]。

　このうちトーラ川は、モンゴル語で"Туулгол"、英語で"TuulRiver"と呼ばれている。また、トール川、トゥール川、トゥール・ゴルと表示している資料もあるが、本章ではトーラ川と称して論を進めていく。

　トーラ川はモンゴル国の東部から北部にかけて流れる川である。この川の源は、モンゴル国の東部に位置するヘンティー県とトゥブ県の両県にまたがるヘンティー山脈である。

　西のトゥブ県へ貫流し、モンゴル国最大の都市ウランバートル市を流れ、その後オルホン川と合流し、さらにセレンゲ川に合流してバイカル湖へと注ぐ全長704km、流域面積49,840km²であり、モンゴル国屈指の河川である[9]。

　トーラ川の流域はモンゴル国土の3.19％であるが、この流域で生活する人口は115万人あり、モンゴル国の全人口278万（2011年時点）に対して約41.4％にあたる。この数値を見ればトーラ川が同国において、いかに重要な河川であるかが伺える[10]。

　2010年時点において、トーラ川の流域には、4千位の中小企業、述べ数約40位の鉱山、1万6千の企業が所在する。17万haの牧草地、295万1,200～285万3,500頭の家畜が飼育されている。ウランバートル市内の中央エネルギー網の源である、三つの発電所が稼動している。他の河川敷と比べると最も利用が多く、地下水を多量に活用している河川敷である[11]。

　トーラ川はウランバートル市内を流れる大河である。この川はウランバートル市民にとって欠かすことのできない水の供給河川と生活排水の河川でもある。市内には7つの地下水源地を擁し、ウランバートル市の水道水源のほ

とんどが、このトーラ川の伏流水を利用した地下水源地である[12]。
　ウランバートル市は 2014 年 12 月時点において、7 つの水源地を有しているが、水源は全て地下水で賄われ、その水源地は広大な面積を有する。また、水源地の警備は国境警備隊や警察等が 24 時間体制で行っている。
　2014 年 6 月、7 月、12 月には新たな 3 つの水源地を開設した。これは最近のモンゴル国における経済の堅調な発展によって水の需要が増加傾向であることや、今後の経済成長を見据えた需要増に対応するための水供給政策の一環である。
　今までの水源地の主力的存在であったのが「中央水源地」である。それから市内の中心から車で約 30 分のところに、工場団地のある「工場水源地」がある。そして近くに「精肉工場水源地」がある。また、郊外には広大な面積を有する「上流水源地」がある。
　そして 2014 年の 6 月に「ヤールマグ水源地」、7 月に「ブーヤント・ウハー水源地」、そして計画の最後の水源地である「ガッチョルト水源地」が 12 月に開設された。
　これらの水源地開設によって、ウランバートル市の採取水可能量が合計 286,800 ㎥／日の水源を確保した。それにより従来の水使用量は日量が 150,000 ～160,000 ㎥であり、水需要に対して供給は十分である。しかし、今後の経済発展に伴って、産業の発展や都市のインフラ整備、ゲル地区の上下水道の整備等を考えれば十分な量とはいえない。なぜなら、ウランバートル市の 60％を超える人々が居住するゲル地区の水インフラ整備が完備した場合、さらに増加することが予想されるからである。現在、ゲル地区の人々は給水所からポリタンク等で水を買い、彼らは約 7ℓ／日／人の水を消費しているに過ぎない。また、ゲル地区の下水道が全く整備されていない状況であるがゆえに、水の使用量は少ない。市内の居住形態別の各戸給水量は、アパート地区では約 230ℓ／日／人とゲル地区との水の消費量の格差は大きい。モンゴル国の生活用水の使用比率は全体の 18.1％である。その中で 70％の住民は自前の井戸か公共機関から水を買う。そして 30％の住民は輸送管つまり自

宅に水道が敷設されている[13]。

この数値からわかるように、今後、水の需要と供給バランスを取った総合的な対応が求められる。

3　トーラ川の汚染

(1) トーラ川の汚染状況

モンゴル国は近年驚異的な経済発展を続けている。特に、鉱山資源輸出による貿易が堅調な発展の基礎となっている。このような状況下において、首都ウランバートル市は人口の一極集中に伴って、環境破壊が進んでいる。大気汚染や交通渋滞、住宅難、水問題などの先進国同様の問題が多々噴出してきている。特に、不適切な下水処理のために、市内を流れるトーラ川が汚染されている。

ウランバートル市の都市部では、上水道普及率は100％であり、下水処理普及率は64％となっている[14]。下水処理場の処理能力は230,000㎥／日、稼働能力は177,500㎥／日となっている。しかし、実際の稼働能力は設備の老朽化や故障などの理由で目標値に至っていない。市内の2つの下水処理場には、工場団地の皮革工場等からの工場廃水が十分に処理されず流れ込んでいる[15]。

モンゴル国の伝統的な産業として牧畜が盛んであり、家畜の飼育が行われている。それに伴い皮革の出荷も盛んに行われてきた。これらの皮革加工に多くの薬品が使用される。皮革工場での廃水は市内の下水処理場に流され、その廃水を処理してから流されるのが本来の姿であるが、下水処理場の不適切な処理のため、半分は未処理の状態で垂れ流しされている[16]。また、処理場で処理が行われた排水に、溶存有機窒素やアンモニアが、トーラ川の合流地点まで濃度が変化することなく流れついていたことが確認されている[17]。

下水処理場への汚水処理は、小・中規模の企業は独自の下水処理施設を有

写真1 市内を流れるセルベ川

撮影：2014年8月25日

していないために未処理の状態で排水をすることも散見される。例えば、企業が独自の下水処理場を有していても、排水処理の機械設備が老朽化のために処理を十分に行うことが出来ないのが現実である。また、ウランバートル市の下水処理場は、家庭排水を同時に処理するシステムである[18]。同市の見解では処理施設の負担や技術的な問題で、完全に処理されていないホロン（皮革工場で皮をなめすために使っている化学物質）が含まれている水を処理施設から川に流しているので、都市環境に影響を与えている。処理施設の技術を改善するだけでなく、新しい施設を作る必要性が増している[19]。

トーラ川のもう1つの汚染源はゲル地区からの汚染水である。増え続けるゲル地区の人口に対して、衛生的なトイレ設備が未だ不十分であり、し尿の浸透による地下水汚染も深刻である。ゲル集落の下水がセルベ川を汚染しており、本川のトーラ川の汚染をより一層深刻化している[20]。

そして、ドゥブ県のザーマル地区などの金鉱開発によって、重金属の排水もトーラ川の汚染に大きな影響を与えている[21]。この鉱山はマザール地区では1992年から大規模な砂金採掘が開始され、鉱山会社が最も多く活動していた1990年代には42社が操業を行っていた。トーラ川の約80kmにも及

ぶ距離にわたって砂金採掘権が出されていた。この採掘作業によってトーラ川は汚染され、今後においても汚染の状態が継続する[22]。

　モンゴル国では鉱山開発により河川852本、泉2,277ヵ所、湖沼1,181ヵ所、湧き水のうち60ヵ所が枯れていると発表された。また、この20年間のうちに全国土の53％が鉱山採掘で被害を受け、森林資源の約20％が消失している。これらは鉱山開発による影響で、河川の水質汚染や河床の変化が水の流れに大きな影響を与えたことで、環境に悪影響を及ぼした結果である[23]。

　ドゥブ県のアルタンブラグ村は人口3,000人の村である。ウランバートル市西部の50kmぐらい離れたところにある。中央下水処理場の処理水が、この村の近くを流れるトーラ川に流されている。今、トーラ川の水は家畜も飲めない状況にある。村の住民は井戸から飲用水を取っているが、家畜は川の水を飲んでいる。流産する家畜が増え、足がない、あるいは頭のない家畜も生まれていると報告されている[24]。

　これらの報告のなかで、処理場の問題が表面化しているが、トーラ川の汚染原因のもう一つに鉱山開発があることは事実である。特に、モンゴル国の砂金の多くは帯水層に存在するために河床から地下に数mから20m位の所まで大型掘削機（ドレッジ（Dredge）＝ロシア製）で掘削されるため、不透水層や地下水の帯水層を破壊攪拌して採取する。トーラ川への汚水の送出のみならず、自然景観や帯水層の破壊など環境への負荷が大きい[25]。

　世界保健機関の調査では、世界の中で最も汚染されている7つの川の第5位に選ばれている。ウランバートルの土壌汚染の90％が、トーラ川の汚染によるものと発表されている[26]。

　トーラ川の水質汚染状況をモンゴル国立大学加茂義明氏の「モンゴル国の都市環境問題―ウランバートル市の事例を中心に」から拾って見ると1995～2000年の各年平均データは以下の数値のとおりである[27]。

　・ザイサン地点：BODが2mg、NH_4が0.1～0.4mgで推移
　・ソンギノ地点：BODが7～9mg、NH_4が8mgで推移

写真2　トーラ川に流れる汚染

出典：Shuud.mn2014.01.16

写真3　トーラ川汚染水による魚の死骸

出典：Shuud.mn2014.01.16

　このデータは17年前のデータであり、今回の調査では、最新のソンギノキャンプ場周辺のトーラ川や支流のBODやCODなどの水質データの入手は不可能であり、現時点での正確なデータはないが、現在はこの数値を遥かに超えるほど、汚染度が増しているもの考えられる。このような状態の水が

トーラ川に流されていることは、自然浄化の能力を有する河川とはいえ相当の負荷がトーラ川に押し掛かっているといえよう。

トーラ川の本流に流れ込む下水処理の汚水は2つのルートの「支流」が存在する。1つは連続して本流のトーラ川まで辿り着く流れをもつ「連続した流路の支流」である。もう1つは、支流の流れが途切れ途切れになっている状態の「断続的な流路の支流」である[28]。

筆者は、2014年8月25日にソンギノキャンプ場周辺のトーラ川沿いを約3時間かけ、つぶさに河川の汚染状況を調査した。

ソンギノキャンプ場は、自然豊かな地域で木が生繁り素晴らしい景観である。このキャンプ場は本来ならば、自然の草木が生繁り、水清らかに流れるキャンプ場としては申し分のない場所であったと思われる。今でも、この地はキャンプ場や保養施設が設置されている自然豊かな環境下にある。このキャンプ場付近のトーラ川はかつては水量が豊富で力強い流れをしていた。しかし、このキャンプ場周辺はトーラ川支流にあり、上流にある下水処理場の不適切な処理のために汚染されている。

この支流は川の外観をなすものの、排水路である。未処理の汚水が垂れ流

写真4　ソンギノキャンプ場を流れるトーラ川

撮影：2014年8月25日

写真5　ソンギノ支流の汚染とゴミ

撮影：2014年8月25日

写真6　支流の汚染（左）とトーラ川（右）の合流の様子

撮影：2014年8月25日

し状況の下水路である。また、支流全体に悪臭が漂い、支流の岸2m弱には草木1本生えていない。目で見た感覚の支流はまさしく排水路化し、河岸は薬品や農薬などで焼けただれているようであった。川床は見えず、草木や魚

3 トーラ川の汚染　109

写真7　トーラ川の汚染

撮影：2014年8月25日

写真8　ソンギノキャンプ場

撮影：2015年9月6日

の泳ぐ姿は見られなかった。魚の死骸も発見できなかったが、魚が棲む状況ではないと推測される。また、ゴミが散乱しペットボトルや家庭の台所洗剤容器、ビニール袋などが小枝に絡まっていた。

写真 9　ソンギノキャンプ場

撮影：2015 年 9 月 6 日

写真 10　ビーバー繁殖プロジェクトオープン式

出典：24tsag.mn2012.06.24

　調査終了のころは、筆者は唇が痺れ、感覚が麻痺する有様であり、アンモニアによるものと自己判断した。これは正に下水処理場の不適切な処理の結果である。キャンプ場に隣接するモンゴリカホテルで昼食をとった。このホテルの周辺では悪臭はしなかった。

　支流と合流したトーラ川は汚染水を含んで下流へと流れ、河川のもつ自然

写真11　トーラ川清掃に参加した学生

出典：Time.mn2014.04.19

浄化の能力を発揮しながらオルホン川へと合流し、さらにセレンゲ川へと流入してバイカル湖へと注ぐ。

(2) トーラ川汚染対策の取り組み

　モンゴル国は青い空と大草原で自然環境が豊かな国で、公害や水質汚染などとは無縁な国とのメージがある。しかし、実際は先進国と全く変わることのない環境破壊や環境劣化がある。特に水質は驚異的なほど悪化している。それは、管理体制や運営システムによる人為的な行為によってなされたものである。

　ここでトーラ川の汚染対策の事例を見ると、モンゴル政府は2004年に「水に関する法律」を制定し、2012年に改正し、トーラ川河川敷管理局を設けた。トーラ川河川敷管理局は、水資源の不足、汚染防止、水資源の効果的な活用、復元、「総合的な水資源マネジメント」を担当業務とする[29]。そして水源地を管理している国境警備隊とウランバートル市水管理局が共同で「水源地帯の監視強化プロジェクト」を実施しており、5kmの地域を24時間監視できるカメラを設置している[30]。

　トーラ川の自然環境復元のため上流にビーバーを繁殖させ、川の水質を浄

化するため、ドイツから14匹のビーバーが送られた。ドイツでは、ビーバーを繁殖させ、水質の復元に取り組んでおり、自然を復元したいという国に対してビーバーを送っている[31]。また、ロシアからも30匹のビーバーを受け入れており、ビーバー繁殖プロジェクトオープン式が行われたと報じられている[32]。

また、市民活動の一環として労働省、自然環境・グリーン開発省、トーラ川河川敷管理局などが学生に呼びかけ河川敷の清掃を実施したところ、千人の学生が参加したと報じられている[33]。参加数から見てトーラ川への関心度の高さが伺える。

アジア開発銀行（ADB）は貧困削減日本基金（無償資金援助）で「トーラ川復元プロジェクト」を実施することになった。704kmのトーラ川のうち、140kmが大きく汚染されており、過去70〜80年間、詳細な汚染調査を実施していない。このプロジェクトは、トーラ川の敷地に長年山積したゴミを清掃し、中央下処理施設を改善し、保護地域を強化することになり、川の水質改善や洪水防止対策の観点からも期待されている[34]。

また、トーラ川の河川敷のゴミを清掃する運動が徐々にではあるが、年を

写真12　トーラ川を清掃する自転車クラブ

出典：Time.mn2014.04.26

増すごとにその輪が広がりつつある[35]。

　以上のようなトーラ川クリーン活動の試みが年々増えており、行政や各市民団体が中心となり、参加者数が増加していることは、トーラ川への関心度が高く、環境保全や川への感謝の表れ等が、一人ひとりの市民に芽生えた結果であると考えらえる。このトーラ川クリーン活動の輪が広がることを期待したい。

4　おわりに

　経済発展の代償として、大気汚染や海・河川、緑地喪失など環境問題が出現し、当初は地域の範囲であったものが全国土へと広がり環境破壊へと拡大し、やがて隣国へと環境破壊が越境し、その結果、今日の全地球規模での環境破壊を招いている。経済発展による産業廃水・排水の垂れ流し等の環境破壊は、人為的行為の結果である。堅調な経済発展を続けているモンゴル国の環境破壊もその一端を示すものである。

　ウランバートル市のソンギノキャンプ場周辺のトーラ川の汚染原因の一つは、経済発展に伴う公害としての工場廃水や生活排水の大量の垂れ流しではなく、市内にある中央下水処理場の不適切な処理による排水によるものである。これは下水処理場の施設や機械の老朽化による処理能力の限界が考えられる。工場廃水と市内の公共施設や一般のアパート等からの排水を、同じ下水処理場で処理するシステム化を行っているが、大量の廃水・排水の処理能力欠如の結果である。

　また、ゲル地区の下水道不整備により汚物が土壌から浸透して、トーラ川の支川であるセルベ川等を通じての汚染と考えられる。そしてトーラ川の支川であるセレベ川をはじめ、いくつかの支川や支流からの汚水やゴミの不法投棄も水質悪化の原因の一つである。

　ウランバートル市内の汚染原因の一つとして考えられていた、鉱山開発の廃水による汚染については、ウランバートル市のソンギノキャンプ場の周辺

ではそれらしき汚染は見かけられなかった。筆者は、後日市内のトーラ川上流地点での汚水状況を調査したが、鉱山開発からの廃水による汚染は確認できなかった。トーラ川上流地域での鉱山開発による廃水は、下流のウランバートル市内まで辿り着く間に河川自身の自然浄化の能力によって浄化されたものと考えられる。

　ウランバートル市の中央下水処理場は1964年に建設されたものである。建設時から半世紀近い年月が経過した。筆者は、この処理場の調査を行ったところ、建設当時の建物や施設を現役として使用していた。機械等は取り換えやメンテナンスを繰り返しながらの操業である。一目で施設設備の老朽化と旧システムによる運用などであることが分かる。新たに近代的な下水処理建設やゲル地区の上下水道整備が最も急がれる課題である。国連のミレニアム開発目標の、衛生的なトイレを使用できない25億人の人口を半減させる目標達成に向けて、早急な解決を期待する。また、市内セレベ川等への汚水やゴミの不投棄対策は幼年時からの環境教育が必要であり、徹底的な取り締まりも不可欠である。

1) http://www.mofa.go.jp/mofaj/area/mongolia/data.html 参照。アクセス2015年1月1日。
2) http://ecodb.net/ranking/imf_area_lp.html 参照。アクセス2015年1月1日。
3) http://wikitravel.org/ja/%E3%83%A2%E3%83%B3%E3%82%B4%E3%83%AB 参照。アクセス2015年1月2日。
4) 藤田　昇・加藤聡史・草野栄一・幸田良介編著『モンゴル草原生態系ネットワークの崩壊と再生』京都大学学術出版会、P60参照。
5) 藤田他・前掲書P60参照。
6) 出典：『水プログラム計画書』、モンゴル国政府、2011年、P4参照。
7) 藤田他・前掲注（4）P60〜78参照。
8) 藤田他・前掲注（4）P62参照。
9) ja.wikipedia.org/wiki/トール川参照。アクセス2015年1月1日。
10) 藤田他・前掲注（4）P78参照。
11) トーラ川河川敷管理局ホームページ。アクセス2014年4月15日。
12) ウランバートル市内には7つの水源地を擁し、水源地は全て地下水で「A＝中央水源地」、「Б（ベ）＝工業水源」、「B（ヴェ）＝精肉工場水源」、「上流水源」そして、2014年6月に「ヤールマグ水源」、7月に「ブヤントハトハ水源」、12月には最後の予定水源地の「ガッチョル水源」を開設した。これによって、ウランバートル市は7つの水道水源地を保有し、日量の取水可能量が合計286,800㎥となる水源を確保した。A、Б（ベ）、B（ヴェ）はウランバートル市役所の通称の呼び方。「ヤールマ

グ水源」と「ブーヤント・ウハー水源」の調査はデータ不足のため調査対象から外した。
13）藤田・前掲注（4）P73 参照。
14）http://www.env.go.jp/earth/coop/lowcarbon-asia/region/mongolia.html。アクセス 2015 年 1 月 10 日。
15）https://www.devex.com/projects/tenders/study-on-the-development-of-the-water-supply-and-sewage-system-in-ulan-bator-mongolia/77805 参照。アクセス 2015 年 1 月 2 日。
16）大江　宏「モンゴルの環境事情寸描―ウランバートル市を中心に」、亜細亜大学『経営論集』第 47 巻第 2 号、2012 年 3 月、P37〜39 参照。
17）藤田他・前掲注（4）P462 参照。
18）モンゴル国家監査局『モンゴル国水資源の保護、使用状況』2011 年、P15 参照。
19）「ウランバートル市役所情報・市民部の報告書」news.mn　2013.05.27 参照。
20）https://www.kosenforum.kosen-k.go.jp/entry/genko/00136.pdf 参照。アクセス 2015 年 1 月 3 日。
21）http://yourei.jp/% E3% 83% 88% E3% 83% BC% E3% 83% AB% E5% B7% 9D 参照。アクセス 2015 年 1 月 5 日。
22）藤田他・前掲注（4）P493 参照
23）地質鉱山新聞 11 月号（No.32）http://mongolnews.blog133.fc2.com/blog-entry-135.html 参照。アクセス 2015 年 1 月 6 日。
24）MNFAN（miniih com）2012-08-18 参照。
25）藤田他・前掲注（5）P493〜494 参照。
26）Shuud.mn 2014.01.16
27）www.geocities.jp/mongol_link/Archive/Kamo_021019_1. 参照。アクセス 2015 年 1 月 5 日。
28）藤田他・前掲注（4）P60 参照。
29）トーラ川河川敷管理局　"Tuul RiverBasinAuthority" 参照。
30）Inet.mn2011.08.19 参照。
31）society.time.mn2012.04.17 参照。
32）24tsag.mn2012.06.24 参照。
33）Time.mn2014.04.19 参照。
34）Unuudur 新聞 2014.05.28 参照。
35）Time.mn2014.04.26 参照。

第8章　モンゴル国の経済開発と河川汚染の問題

1　はじめに

　モンゴル国はかつてソビエト連邦の影響下に置かれた社会主義国であった。1991年のソビエト連邦崩壊を機に、計画経済から市場経済へと移行し、1992年には憲法改正で新制モンゴル国が誕生した。モンゴル国は伝統的な遊牧民による羊毛やカシミヤなどの牧畜産業が主体であった。また、世界有数の鉱物資源国家であり、2000年以降は経済の主体が鉱業へと移行した。2008年に起こったリーマン・ショックによる世界的金融危機の影響を受け2009年にはマイナス成長となった。その後、2010年には世界的に経済が回復し、鉱物資源の国際相場が安定しモンゴル国の鉱物資源の輸出が拡大した。それにより6.4％との経済成長を為し、翌年の2011年には17.3％の飛躍的な経済成長を為した。その後2012年には12.3％、2013年には11.6％の経済成長を実現している。そして、2014年度は7.9％で、2015年の実質GDP成長率は2.3％にとどまり減速した。

　このように世界経済の影響を受けながらもモンゴル国の経済は成長の道を辿っている。この経済成長の過程は豊富な鉱物資源の輸出によるものである。モンゴル国は今世紀有数の天然資源に恵まれ、世界最大級の埋蔵量を有する鉱床も存在する。また、未確認鉱床や手つかずの鉱床など数多くの鉱床があるといわれている。オユトルゴイ鉱山やタバントルゴイ鉱山などは世界的に名高い鉱山である。2014年度において輸出総額の約8割が鉱物資源である。その中で約9割近くが中国への輸出である。中国とロシアに国境を接せる関係上、両国への貿易依存度が高い。

　モンゴル国の主要な産業は牧畜産業と鉱物資源開発である。特に、近年の

モンゴル国の財政は石炭・銅などの鉱物資源輸出に大きく依存している。今後においても鉱物資源輸出を主とした経済政策が行われて行くものと思われる。一方において、鉱業以外の産業が乏しいことは、今後のモンゴル国の経済発展において懸念すべき課題である。現在、鉱物資源の輸出が第一優先の経済政策を掲げており、モンゴル国内各地で鉱物資源開発が盛んに行われている。その結果、モンゴル国内での鉱山開発による河川汚染や環境破壊が大きな問題となっている。経済開発と環境保全の関係は大きな課題である。

本章では、モンゴル国が経済開発を進める中で、経済の主要産業である鉱業による環境破壊や河川の汚染が問題になっているが、モンゴル国で最も注目度の高いオルホン川、フデル川、ガンガ湖の環境破壊と河川汚染の現状について考察する。

2　鉱山採掘により汚染されている河川の現状

モンゴル国は地球上で豊かな鉱物資源を有する国の一つである。多種多様な鉱物資源があり、その数は80種類以上存在するといわれている。金、銀、銅、石炭、蛍石、ウラニウム等大規模な埋蔵量が確認されている。特に、南ゴビのオユトルゴイ鉱山には銅、金鉱山の鉱床が換算30万から40万トン埋蔵され、可採年数50年、また石炭鉱床は65億トンが埋蔵され可採年数200年を超えるとされている[1]。

モンゴル国の財政は、鉱山に大きく依存しているが、鉱山開発は周囲の環境に悪影響を及ぼすこともあり、経済構造の改革が今後の大きな課題となっている。現在、モンゴル国では鉱山採掘行為により環境悪化の影響を軽減するために規制を設け、銅、金の埋蔵量で世界最大級の鉱山を戦略的鉱床として指定している。2015年5月、モンゴル国会によって「戦略的重点分野の事業体への外国投資を調整する法律」が可決された。この法律の目的は、国家安全保障に関わる戦略的分野での外国投資を管理し、それらに承認を与えることに関するものである。戦略的な分野として、鉱物資源、金融、メディ

ア・情報通信の3つの分野を含めている。これらの分野における投資金額が一定の額を超える場合、モンゴル政府に申請し国家の承認を得ることになっている。

モンゴル政府は、安定的な外国投資に不可欠な法的環境整備を積極的に推進する事を政府方針として決定し実施中である。1993年に公布された外国投資法に関しては現在まで効果的に施行されており、投資家等をはじめ、内外の関係者は、モンゴル国への外国投資に関して効果的かつ有効な法律であると判断している。過去、モンゴル国の法令で禁じられていた外国の投資家による製造及びサービス事業分野でも投資することが可能となっている。また、投資する場所についても、モンゴル国の法令で禁じられている領域以外でも、投資活動が可能となっている。その為、投資の種類と実施方法についても国際基準に準拠しているといえる。モンゴル国は投資活動に関して快適な環境にある事は、国際調査諸機関の調査からも明らかとなっている。例えば、2012年に世界銀行が発表した「ビジネス環境の現状」報告書によると、モンゴル国は183カ国の内、第89位とされている。また、ヘリテージ財団とウォール・ストリート・ジャーナル誌が発表した「2012年度経済自由度指数」報告書において、モンゴル国は184カ国中、第81位と、前年と比べて順位が上昇している。同じく、この指標による、アジア太平洋地域での順位は41カ国中第12位となっている。

しかし、その一方で、鉱山会社の違法な採掘行為による河川汚染の問題が後を絶たない。地下資源の採掘には専念するが、採掘後は自然への復元のための作業は行わず、掘ったまま放置された廃坑に家畜や人が落ちて怪我や命を落したこと等が報道されている。鉱山地域では、大型のドリル[2]で鉱山採掘を行い、また分析用のサンプルを採取するにために掘削し、掘削した状態で自然への復元行為を行わずに廃坑された鉱山が数多くある。

鉱山会社の多くは資源の採掘後の現場は危険回避や環境復元のための復旧は行わず放置しており、環境への無配慮のために植物の回復や自然環境復元には至っていない[3]。これらの復旧事業には多額の資金と高度な技術が必要

であるため業者は資源が乏しくなると鉱山を他者へ売却して復旧責任を逃れている鉱山業者も存在している[4]。この現状がモンゴル国の鉱山の廃鉱が出現する一因である。

ライセンスを持っている会社だけではなく、「忍者」[5]と呼ばれる個人採掘者が掘った危険な廃坑も多数存在している。地表の土壌や植物などを取り除いて土を深く掘り出し、不要な砂礫などを取り除くため、掘り出した土を川の水で洗浄する。地下資源を洗った水をそのまま処理せずに、汚泥状態で川に流しているため、汚染された河川が増え続けている。このような行為によって、河川や湖沼の自然体系が大きく変化し、河川の流れ、汚濁水質、水量の減少などで、水の流れない川や枯れる寸前の河川など、従来の姿が大きく変化している河川が多数存在し始めているのが現状である[6]。鉱山会社は採掘地域への河川や湖に対して環境保全への配慮の意識が欠如している。

2007年の調査ではモンゴル国内で18,610の河川、小河、湖が登録されている。2011年には5,749の河川がなくなっている。これはモンゴル国の全ての河川の3分の1を占めている。この数は、今後も増える可能性があり強く懸念されている。鉱業に依存した経済発展の体系を維持するには環境に優しいバランスのとれた持続可能な経済発展がモンゴル国にとって大きな課題となっている。このような状況下で鉱山会社による環境への負荷を低減し、環境問題の解決に向けた具体的な取り組みが始まっているのも事実である。特に、開発途上国においては経済優先と環境保全には大きな障壁がある。「開発と環境保全」は大きな課題ではあるが克服しなければならない課題である。

モンゴル国内の15県で56郡において4,200㎡の面積の鉱山が採掘されたまま放置されている。これらの廃坑の自然復元には少なくとも800億〜1千億トゥグルグの費用が必要といわれている。鉱山会社の中で閉山の際に、100％自然復元している会社はほとんどないと指摘している[7]。このような状況下で、モンゴル国内の鉱業に悪影響を及ぼすことが多く、環境汚染が進んでいることが伺える。具体的にどのような問題が起こっているのかについ

て、ホルホン川とフデル川そしてガンガ湖を例に河川・湖沼の汚染について紹介する。

(1) オルホン川

ホルホン川はハンガイ山脈から水源を発し、モンゴル国では最も長い川で延長1,124km、流域面積132,835km²を誇る河川である[8]。モンゴルの中央部に位置するハンガイ山脈から北方へ流れロシアのバイカル湖に注ぐ河川である。オルホン川はウブルハンガイ県、ブルガン県、セレンゲ県、ダルハン－ウール県と54の郡を流れている。主な支流にトーラ川とタミル川がある。オルホン川は昔から人気の観光地であった。流域には古代遺跡やモンゴル帝国の都カラコルムがある。オルホン渓谷は遊牧民の伝統を継承するものとして、2004年にユネスコの世界遺産（文化遺産）として登録されている。

アルハンガイ県は首都ウランバートルから西に約400km離れ、モンゴル国で最も美しい地域として知られている。人口は約9万9,000人で5万5,000km²の総面積を有する[9]。

現在、オルホン川流域で金採掘事業を実施している企業は多くある。支流では大規模な砂金の採掘が行われている。流域周辺は大森林草原地帯で、河川周辺は森林が生い茂り、これらを伐採して川底から砂金を取り出すために採掘している[10]。

オルホン川の上流では、「Altandornodmongol, Mongol gazar 会社」が1999年から金を採掘している。これらの会社は金を掘るだけで自然への復元をしないため、今まで3つの小さい川と15の湧き水が枯れてなくなったという。オルホン川の上流に住んでいる240世帯の990人が、オルホン川が汚染されたために、4〜5km先の川から飲料水を運んでいる。現地の住民がオルホン川を守るために、「オルホン川の声」という団体を作り、鉱山会社に対して環境保全への配慮を強化するための運動を起こしている[11]。

モンゴル政府は、2009年に、「水源保護地域及び森林地帯における鉱物資源の探査及び採掘活動の禁止に関する法律」（水源森林法）を制定した。この

図1　アルハンガイ県

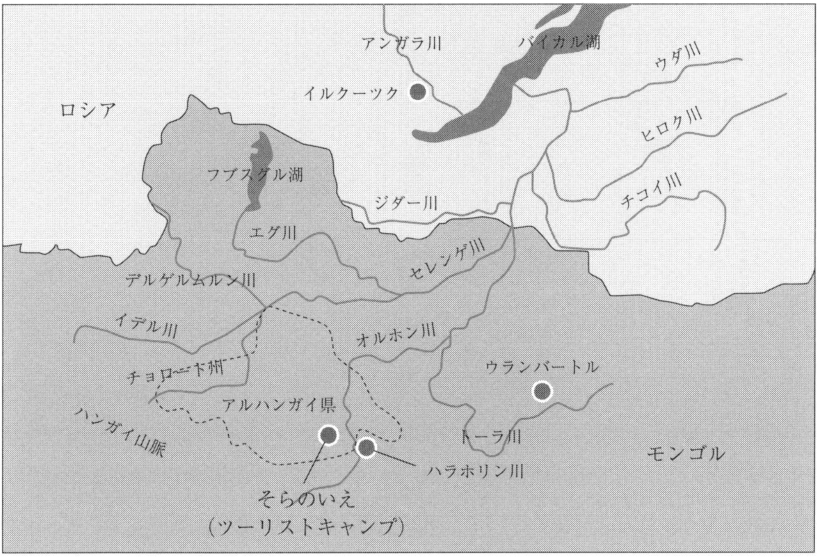

出典：http://www.kaze-travel.co.jp/mongol_kiji048.html　アクセス　2016年9月30日

　法律は自然保護を目的として「川岸、流域、森林地、ゴビのオアシス、特定の自然景観及びその緩衝地域の近接する金埋蔵地域での一切の探査・採掘活動を禁止し、環境と人間の健康に有害な技術を使っての活動を全面的に禁止する」[12] ものである。モンゴル政府は「戦略的重要鉱床」を除いて、国内の鉱山開発に一定の縛りをかけ、乱開発防止や限りある資源の有効利用、自然環境保全、自然景観などの保護政策の一環として取り組んでいる。

　しかしながら、鉱山会社のために、河川汚染が続いているのが現状である。2016年5月からオルホン川の上流で金を採掘しているため、オルホン川は汚泥が酷くなり、水ではなく汚泥が流れているような状況になっている。川の水を現地住民はおろか、家畜も使えなくなっている。これまでモンゴル国内のメディアなどでの多く報道され問題化している。「オルホン川が泣いている」「金鉱山の会社がやり放題」「倒産している Mongol gazar 会社がオルホン川を汚染し続けている」などと報じられている[13]。

写真 1　オルホン川　沈殿池

出典：http://mminfo.mn/news/view/2715 /（アクセス　2016 年 9 月 5 日）

　オルホン川の上流に金鉱山の発掘許可を持っている鉱山会社 8 社が、川を挟んで左右にそれぞれ採掘を行っている。この川岸で Mongol gazar 会社は露天掘りを行い、200 人の労働者が働いている。沈殿池を設け、鉱業廃水を沈降させて水を清澄化するために設けているが沈殿池が壊れていて、川に垂れ流し状態であると報道されている。他に、MJH という会社がここで金の採掘を行っている。ここで 2 社が金を掘る許可を取っているが、下請け企業 14 社が稼働している。つまり 2 社ではなく、14 社が大型重機を用い、そして従業員を雇用して採掘を行っている。これらの採掘の未処理水が川の汚染の原因である。2015 年、この数は 24 社であったが、関係当局から勧告を受けて 14 社に減少している[14]。

　オルホン川で採掘特別許可を Altangold、BMNS、Golden Hammer、AltandornodMongol などの会社が持っており、16 社に鉱山開発を委託して事業を行っている。この内、14 社は技術的要素と経済状況を勘案した採算性調査報告書、鉱山としてどのように開発するかを、詳細な金鉱山開発計画書や、環境負荷評価書など必要な資料を準備しておらず、自然復元を保証する担保金を政府に払っていない。そして河川汚染を防ぐための沈殿池を設置していないことも発覚した。そのため、これらの企業の採掘特別許可を取り消し、金採掘事業を停止させる命令を関係省が出している[15]。この地域は

大草原と緑豊かな地であったが鉱山開発により豊かな谷が全部掘り出され、草も見当たらなくなっている。今日では、あちらこちらに廃坑と採掘して出された土を積み上げた丘が放置されていて、人間が安全に歩ける道も残っていない[16]。企業の環境への配慮の欠如がこのような形で現れている。地元住民の生活権や人権等はなく、自然環境破壊のなにものでもない。

(2) フデル川

セレンゲ県はウランバートル市からは北へ約 300km。オルホン川流域に位置し人口は約 9 万 4,500 人で、総面積は 4 万 3,000km²を有する[17]。県内の森林郡はヘンテ山脈の分岐山脈、東シベリアの大タイガ、ハンガイ山脈の分山岐脈、オロホン川とセレンゲ川の分水嶺筋に沿って草木が生い茂る自然豊かな県である[18]。セレンゲ県は小麦栽培が盛んな地域であり、その中でフデル郡は昔から果物がたくさんとれる自然が豊かな地域として名が知られている。フデル郡は、モンゴル国では森林が多い地方としても知られている。

セレンゲ県には、2011 年現在、169 の河川が登録されていたが、2016 年

図2　モンゴル国の行政区分地区

※各県の●と斜字は県都の位置と名前を示す。
出典:『モンゴル　草原生態系ネットワークの崩壊と再生』P.16
藤田昇・加藤聡史・草野栄一・幸田良介　編著　京都大学学術出版社

現在、その内 26 の河川が枯れているという。

　それは、人間の活動によって自然の生態系の変化や自然破壊がもたらした結果である。特に、鉱山会社による鉱山開発が環境破壊を招いているのである。フデル郡のフデル川には合流するアムジ川、ツァガーン・ズル川、ヘルツ川、ショロゴルジ川、ゼルテ川、ハタ川などの支流の河川がある。ツァガーン・ズル川の上流の流域で金の採掘が行われており河川の汚染の原因とされている。フデル川の流域で鉱山会社8社と約20名の個人採掘者が金を採掘している。鉱山会社と個人採掘者は金の洗浄水を未処理の状態で河川に流すために川の水は汚泥に染まっている。フデル川は、かつて川底の石が見えるぐらい透明度の高い川であったが、今は遠い昔の話になってしまった。川の水は泥だらけになり、川の流れにも変化が現れている。これまで郡の住民からのクレームを受けて、関係機関は何度も調査を行っている。その結果、違法に金を採掘している会社と個人の事業を停止させてきたが、調査後何ヶ月か経った後、再び現地に戻り採掘を行っているという[19]。

　フデル郡の人口は 3,000 人である。彼らは、野菜栽培に使う水をフデル川から取水しているが、鉱山会社の鉱山採掘による洗浄水を未処理のまま放流したことによって、川の水は汚染されるようになってから、農業に使用していた水にも大きな影響が出て、今は水不足の状態である。そしてまた、河川

写真 2　鉱山の採掘を行う重機

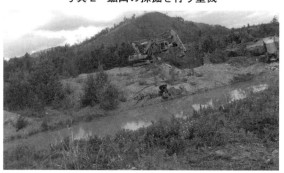

出典：http://www.yanaa.mn/read/12811/（アクセス 2016 年 8 月 25 日）

の汚泥によってフデル川流域の森林にも影響が出ているという。フデル川は非常に悪化した汚染状態にあり、水の汚染は日常化されている。かつて現地の住民が飲用水として使用してきた川は、完全に変わってしまっている。家畜の水も問題になっている。現地の住民は、フデル川流域で金を採掘している鉱山会社に対して強く抗議の運動を行ってきたが、鉱山会社の強い圧力や脅迫まがいの行為もあるという[20]。

　ここでは鉱山会社だけではなく、個人採掘者も金を採掘している。個人採掘者も金属探知機をはじめ、大きな重機を備えている。このように鉱山採掘者は環境へ甚大な影響を与え続けて、環境破壊の行為を行い続けているが、最終的に大きな被害を受けるのは地元の住民である。地元の住民に鉱山会社からの圧力も強く、嫌がらせも受けているという。そのため、報道機関から、鉱山会社について尋ねると、地元住民は情報を提供するのを避けるようになっている。フデル川の汚染について、自分のフェイスブックに写真などを載せた地元の住民が、鉱山会社からの圧力に負けて、フェイスブックの写真を削除しているという[21]。フデル川は流域の住民にとって生活の一部であり、かけがえのない川である。「母なる川」である。

(3) ガンガ湖

　スフバートル県はモンゴル国の東部にあり、北にドルノド県、西にヘンティー県とドルノゴビ県、南に中華人民共和国内モンゴル自治区と国境を隣接する。人口は約5万4,000人で、8万2,287km²の総面積を有する[22]。

　ガンガ湖の水位が下がり枯れ始めていることが大きく報道されている。この大きな原因は家畜頭数の増加と遊牧民の望ましくない行動、さらに温暖化による旱魃・気象変化である。ガンガ湖はスフバートル県のダリガンガ郡から東部へ11km先の周辺面積は4km²を有する湖である。近年において湖の生態系に影響するほどの環境変化が起こっている。その一つに、周辺の砂が湖に入り込んだため、湖の底が80cm以上底上げされた。防風林を設けて、砂の移動を防ぐために植えていた樹木を家畜の羊や山羊が食べるため、風を妨ぐ

ことができなくなっている。

　また、ガンガ湖の周辺の家畜の頭数が増加したこともガンガ湖の環境に大きな影響を与えている。暑い日に、牛や馬が湖に入り、一日中、湖の中にいるため、湖が家畜の糞で汚れている。1頭の馬が一日5kgの糞を出している。湖の中に家畜が入らないように柵を設置している。しかし、一部の心ない遊牧民が家畜用水を地下から吸い上げる際に使うポンプのガソリン代を節約するために、湖を守るために作った柵を破って、家畜を湖に入れている。現在の家畜頭数は社会主義時代よりも4倍に増加した。社会主義時代では、遊牧民は湖から80kmの先に家畜を放牧していた。ガンガ湖の周辺に住んでいる37世帯の3万頭の家畜が、ガンガ湖の水を飲んでいる[23]。ちなみに、今年(2016)モンゴル国の家畜が7,300万頭を超えており、過放牧の問題などが懸念されている。環境にやさしい放牧が大きな課題になるとみられている。

　このように家畜頭数の増加や、遊牧民による間違った放牧と旱魃の影響もあるが、鉱業会社の鉱山探査も問題視されている。また、Kojegobi社がダリガンガ郡の数ヵ所で回転式掘削用ドリル鉱山探査を行っており、現地住民は放牧地を守るために強く反対運動を行っている[24]。

写真3　干上がるガンガ湖

出典：http://www.breakingnews.mn/c/r/42427/（アクセス2016年8月29日）

3　モンゴル政府の対策と今後の課題

　モンゴル国の財政は、資源産業である鉱業に大きく依存している。金、銅など鉱物資源の輸出によって、国への収入が増加している。以前は、金に対し10％の税金を課していたが、今、2.5％になっている。2016年6月に誕生した新政権は、金に対する税率引き上げも検討していたが、増税は当分しないと公表している。モンゴル政府の対外債務はGDPの210％に相当する235億ドル（US$）までに膨らんでいる。来年度から、対外債務による負担を国家予算で補填できなくなると言われている[25]。さらに、国際的な影響力を持つ日刊経済新聞ウォール・ストリート・ジャーナルで「モンゴル国の財務大臣は同国の対外債務はGDPの78％に相当するまで増えていると公表してから米ドルに換算する対外債務は一ヶ月以内に7.7％急増している。ここ5年間にモンゴル国の対外債務は264％と世界で最も多く増えている。2016年度第1四半期にモンゴル国の対外債務は226億ドル（US$）に達している」という[26]。

　このような厳しい状況の中、2016―2020年の政府行動計画では、短期間での経済復活、マクロ経済のバランスの維持、経済の多角化、資源価格の変動に翻弄されないような経済環境の整備、中・長期的な経済成長に向けた政策を実施する目標を立てている。具体的には、経済危機対策の中で「エルデネス・モンゴル社と、オユ・トルゴイ社のプロジェクトを促進し、タバントルゴイ炭鉱、その他のモンゴル国にとって重要な鉱床を本格的にビジネスとして展開する」としている。しかしながら、現実に、上記のオルホン川やフデル川の例から見ても分かるように、鉱業による河川汚染の問題が後を絶たない。このような状況の中、モンゴル国政府は、鉱山会社の採掘許可を取り消すなど、規制を強くしはじめている。

　モンゴル国のD.Oyunkhorol自然環境・観光大臣兼国会議員は、「鉱山開発のライセンスを持っている会社は、ライセンスを所有する土地を他の会社

に譲ったり、他の会社に委託したりすることを禁止する。1つの鉱山で5社以上の会社が入ることを禁止する。オルホン川の近くの金鉱山で14社が金を採掘していた。そのため、責任を互いに押しつけ、オルホン川を汚している。鉱山会社の地上水利用を禁止する日がある。排水を再利用する技術を導入すべきである。鉱山会社は規則を守るまで、事業を停止させる。鉱山会社に関係法令に従い、自然復元させるために、政府は鉱山会社から前もって担保金を納入させる」[27]と強調している。

モンゴル政府は、「河川を汚染した企業に対する汚染料金の徴収に関する法律を国会で承認している。近い内に、政府会議で、汚染料金に関する詳細な決定が出される。他国の法令や国際基準に基づき、1㎥の水を汚染した場合、どのような料金が発生するかを決める。汚染料金を徴収する制度が導入されれば、鉱山会社の責任感が強くなると期待されている」[28]と報じている。

上記の3つの川（オルホン川、フデル川、ガンガ湖）の例では、人的原因（家畜頭数の増加と遊牧民の不十分な管理、鉱山会社の違法行為など）もあれば、自然的な原因（異常気象、旱魃など）が環境負荷を与える大きな原因となっている。特に人的原因による河川汚染に注目すべきである。また、鉱山会社は鉱山の選

写真4 金の採取する人たち

出典：http://www.bolod.mn/News/58786.html/（アクセス2016年8月10日）

考の工程で発生する泥を水分と分離せずに、川に流しているため、川の水が泥まみれになっていることが原因である。鉱業廃水を沈降させて水を清澄化する沈殿池を関係法令に基づき作ることはなく、河川に排出されることが多い。あるいは、沈殿池を作っていても、改修工事を行えないため、本来の役割を果たさない形式だけの沈殿池が多いことも事実である。

　本来は、鉱業排水を清澄化してから鉱業で再使用し、あるいは河川へ放流すべきである。

　鉱業における環境問題は河川汚染だけに限らない。地盤沈下、動植物の喪失、土壌汚染、地下水・地表水の汚染など、地元の住民の健康に対する重大な影響も予想される。

　モンゴル政府は、環境アセスメントに基づき鉱山会社をコントロールし、閉山となった鉱山の土地を再利用し、周囲の環境の悪影響を防ぐために、鉱山開発を本格化する前に自然な状態に戻す作業を促すために、担保金をあらかじめ納入させるなど、規制を強化していることが伺える。一方、地元住民も注意深く、鉱山会社の規制を強化するよう政府に要請するなどの意識が高くなりつつある。企業側の自主規制も重要である。しかしながら、持続可能な開発という視点からみれば、モンゴル国ではまだまだ解決しなければならない環境問題が数多くある。

4　おわりに

　モンゴル国は1991年のソビエト連邦崩壊によって、大きな展開を迎えた。計画経済から市場経済へ、そして社会主義から民主主義へと生まれ変わった。経済においても紆余曲折する社会の中で、新たな経済システムが導入された。2000年代には従来の牧畜主体の経済から鉱業主体へと経済体制が進んだ。1992年の新制モンゴル国誕生から今日で25年間の歳月を経た。金・銅やレアメタルなどの鉱山資源開発によって鉱物資源輸出への経済依存度を高めてきた。モンゴル国の経済は世界の経済不況の影響を受けながらも鉱物

資源の輸出を基軸に飛躍的な経済成長を遂げてきた。その結果、2013年にはGNI（国民総所得）が4,000ドル（US$）に達し、2014年にはGDP（国内総生産）120億ドル（US$）に達するなど国民生活は大きく向上した。

　しかし、その反面、活発な経済活動により、富の代償として新たな問題が出現した。それは自然環境破壊や公害などである。経済発展を成し遂げた国々の過去の例を見ると、大気汚染や河川・海水の水質汚染、土壌汚染等工業製品生産活動の負の部分として発生してきている。

　経済開発と環境保全は相反する活動ではあるが、地球の持続可能な発展を維持するためには多くの知恵や技術を組み入れた政策が求められる。企業や関係者は節度ある行為と責任を持った開発を行わなければならない。企業人としての気質を疑問視されるような開発行為は問題である。モンゴル国の雄大な大自然の開発を行うことのできる人・企業はほんのひと握りである。これらの鉱山開発企業はモンゴル国とモンゴル国民そしてモンゴル国の祖先に対して感謝の心を持って鉱山開発を行わなければならない。モンゴルの雄大な自然から貴重な資源を採掘させていただいて、企業の利益を上げているわけであるから、感謝の心が絶えず必要である。資源採掘後は、自然の回復や自然環境負荷への削減、地域住民への配慮や下流河川住民への配慮が不可欠で、それができない者では、鉱山開発の資格が疑われる。これらの天然資源は未来のモンゴル国民からの預かりものであり、責任ある行為が望まれる。

　鉱山開発においての無責任な開発行為は、批判させるべき行為であり法律的に対処されるべき行為である。開発途上国や先進国などの範囲のものではなく、人間としての環境モラルの欠如である。非常に恥ずべき行為である。

　前述のように鉱山採掘による環境汚染の実態や環境破壊を論じたが、首都のウランバートル市内においても経済発展に伴い環境破壊が進んでいる。市内を流れるトーラ川の汚染や大気汚染、郊外のゲル問題、住宅問題、水問題が山積している。

　このような状況に対して、モンゴル国内閣官房庁の公式なサイト「parliament.mn」の2016年8月26日のニュースではモンゴル政府は「2016

―2020年のモンゴル政府の行動計画」を策定した。それによるとエコシステムの保全、自然資源の保護、有効な利用及び復元を促進し、環境負荷の少ない経済を実現し、持続可能な社会発展を維持することを目標としている。そのために、「安全で健康な食品・健康なモンゴル人」プログラム、「環境と国民の健康に優しいグリーン開発」に取り組もうとしている。経済・財政困難が続いている現況、政府の主要な課題は短期間での経済復活である。具体的には、政府行動計画のインフラ部門における政策では、健康で安全な生活環境を整備した都市・市町開発を企画し、自然環境に優しい、地域住民の健康に悪影響を与えない建設技術を導入した建設業者を支援し、安全で優良な住宅の建設を促進する国家政策を作成し、実施すると定めている。その取り組みとして、以下のことがあげられている。

- ウランバートル市で建設予定の住宅街向けの生活用水と上水道を別々に企画し、下水処理水の水質基準等に合わせて、生活排水を処理・浄化し、企業や公園・緑地等で再利用するために、排水処理装置設計を明確にし、プロジェクトを実施する。
- 都市開発総合計画に合わせて、国内外からの投資によりウランバートル市と、その他の大きな市町の下水処理場の段階的な改修を促進する。
- 下水処理水と地下水を企業で再利用する環境を整備する。
- 「ウランバートル市水供給改善」事業の一環でトーラ川、セレベ川、ドンド川の水量を増加させ、川の周辺を整備し、快適な環境を作る。

これは経済発展による負の代償として環境破壊が進行していることの表れである。筆者は幾度かモンゴル国を訪問しているがウランバートル市は近代的なビルが林立している。また、社会インフラも整いつつある。将来の人口増加や産業発展に伴い大幅な水の需要が見込まれることが予測されており、2014年には新たな3つの水源地の開発が行われた。しかし、一方においては河川の水質の悪化や大気の汚染などが解決の方向へ向かっていないのも事実である。

今後においてモンゴル政府の行動計画によるインフラ整備が進むものと思

われるが、鉱山採掘や都市の社会インフラは、次世代へ継承するために、責任のある姿勢で、資源開発や社会インフラを行うべきである。

　地球の一員として持続可能な社会への節度ある行動が求められる。

1）青山学院大学『総合研究所報』第 21 号、青山学院大学総合研究所、2013 年 10 月 P14 から P15 参照。
2）鉱山採掘のために稼働しているのが「トレッジ（Dredge）」と呼ばれている浚渫船のような砂金採掘大型機械でロシア製のものが使用されている鉱山もある。（『モンゴル草原生態系ネットワークの崩壊と再生』京都大学学術出版会、2013 年 10 月 30 日。P492 参照）。
3）『モンゴル草原生態系ネットワークの崩壊と再生』京都大学学術出版会、2013 年 10 月 30 日。P492 参照．
4）佐々木健悦『検証　民主化モンゴルの現実—モンゴル・日本の直面する課題』社会評論社、2013 年 4 月、P143 参照。
5）「忍者　ニンジャ」とは、モンゴル国で活動する零細規模の無許可の鉱物資源採掘者である。ja.wikipedia.org/wiki/　アクセス 2016 年 9 月 30 日。
　「忍者」たちは砂金を採るために手作業で採掘する人たちを呼ぶ。由来はアメリカのアニメの主人公「ニンジャ・タートルズ」の仕草が似ているところから来ている。忍者の数は国内の拠点付近に 5 万人が住み、それに依存している人々は 20 万人から 30 万人ともいわれている。（佐々木健悦『検証　民主化モンゴルの現実—モンゴル・日本の直面する課題』社会評論社、2013 年 4 月、P143〜144 参照）。
6）2014 年 7 月 4 日「olloo.mn」新聞、参照。
7）2016 年 9 月 16 日「Undesnii shuudan」新聞、参照。
8）高橋裕編集委員長『全世界の河川事典』丸善出版、平成 25 年 7 月 30 日発行、P671 参照。
9）ja.wikipedia.org/wiki/ アルハンガイ県、参照、アクセス 2016 年 9 月 30 日。
10）『モンゴル草原生態系ネットワークの崩壊と再生』京都大学学術出版会、2013 年 10 月 30 日。499 頁参照。
11）2015 年 9 月 15 日「assa.mn」新聞参照。
12）青山学院大学『総合研究所報』第 21 号、青山学院大学総合研究所、2013 年 10 月、P16 参照。
13）2015 年 9 月 15 日付「assa.mn」参照。
14）2016 年 8 月 17 日「fact.mn」新聞、参照。
15）2016 年 9 月 6 日「montsame.mn」参照。
16）2016 年 9 月 16 日「Undesnii shuudan」新聞、参照。
17）ja.wikipedia.org/wiki/　参照、セレンゲ県　アクセス 2016 年 9 月 30 日。
18）「東北アジア地域自治体等の環境保全に関する情報交流会　セレンゲ県の環境概要—環境及び直面している問題—」参照。http://www.npec.or.jp/northeast_asia/inquiry/　アクセス 2016 年 9 月 30 日。
19）2016 年 9 月 2 日「mnb.mn」新聞、参照。
20）2016 年 8 月 25 日「yanaa.mn」参照。
21）2016 年 8 月 25 日「yanaa.mn」参照。
22）ja.wikipedia.org/wiki/ スフバートル県、参照、アクセス 2016 年 9 月 30 日。

23) 2016 年 9 月 7 日「ardchilal.mn」新聞、参照。
24) 2016 年 9 月 1 日「Udriin　sonin」参照。
25) 2016 年 9 月 2 日「Uls turiin toim」新聞、参照。
26) 2016 年 9 月 19 日「Zuunii medee」新聞、参照。
27) 2016 年 9 月 6 日「Unuudur sonin」新聞。
28) 2016 年 9 月 6 日「medee.mn」新聞。

あとがき

　筆者は1996年6月に初めてモンゴル国を訪問した。目的はモンゴル国の市場経済導入にともない開催された自由経済のシンポジウムに参加するためである。世界各国から学者や専門家がウランバートル市に一同に集っての開催であり、その機会に恵まれモンゴル国立大学で「日本の公害」について発表させて頂いた。初めてのモンゴル国訪問となれば、見渡す限りの雄大な草原と遊牧民やゲルの光景が脳裏を駆け巡った。訪問時に描いていた想像を上回る広大な草原には驚かされた。限りなく広がる草原とスカイブルーの空が笑顔で迎えてくれ、爽快な気分で心が晴れ晴れとしたことを鮮明に覚えている。ウランバートル市は当時人口約60万人の首都で大いに活況を帯びていた。街全体にロシアの匂いが漂っていたのが印象的であった。

　その後、2011年5月に訪問の機会に恵まれた。15年の歳月が過ぎていた。そして2013年、2014年、2015年と毎年のように訪問させて頂いた。

　一度の訪問の機会が、出会いやその国への好奇心、興味に、これほど長く繋がってゆくことは予想外であった。筆者はモンゴル国の環境と水資源に最も深く感銘を受け、魅せられ、特に水資源に強く関心を持ち研究心に火が付いた次第である。幾度と調査させて頂き今回『モンゴル国の環境と水資源―ウランバートル市の水事情』として上梓させて頂いたが、この研究書は到達点ではなく寧ろ出発点である。今後、これを機に更なる研究に邁進いたす所存である。

　なお、本書は過去に「中央学院大学社会システム研究所紀要」や「神奈川大学アジア・レビュー」などに発表したものに加筆、修正を加えて纏めたものである。一部において年代的に資料の数値に相違や重複が生じているが敢えて訂正せず、史的な流れを残した部分があることをお断りしておく。

　本研究調査にあたり、城所卓雄先生（元駐モンゴル国特命全権大使、名古屋大学特任教授）にはさまざまなアドバイスを頂いた。ドルジー（Tuvd Dorj）教授

（元モンゴル科学アカデミー副総裁、現在：モンゴル国立大学教授、ウランバートル・エルデム大学理事長）には初めてモンゴル国を訪問した時に自からトーラ川の案内をして頂いた。モンゴル文化教育大学のトムルオチル学長（Sanjbegz Tumur-ochir）と牧原創一理事長には各機関への紹介を頂いた。ウランバートル市水道局のOtgonbaatar Dorujgotov氏、ウランバートル市上下水道公社のB.Amgalan氏、モンゴル文化教育大学講師のM. Munkhtsetseg先生には現地案内や通訳、また、モンゴル人文大学のバヤスガラン・オユンツェツェグ先生（Bayasgalan Oyuntsetseg）には翻訳と現地案内、アリマ氏（Alimansar Namjildorj）にはモンゴル訪問の度に車で過酷な場所まで案内や通訳をして頂いた。熊本市の研究調査では公益財団法人熊本市水道サービス公社経営企画広報広聴班の主査谷本堅氏には健軍水軍地の案内をして頂き、また公益財団法人くまもと地下水源事務局長今坂智恵子氏には親切丁寧に教示して頂いた。また、菊池敏夫先生（元中央学院大学大学院商学研究科長）には「モンゴル国の環境と企業行動」のプロジェクト研究で2011年にモンゴル国への訪問の機会を頂いた。そして濱沖典之先生（前日本産業経済学会長、中央学院大学教授）にはモンゴル国内での学会時に2度の基調講演や各方面の方々との研究の機会を与えて頂いた次第である。中央学院大学大学評価・研究支援室課長河内喜文氏、課員坪根裕子氏には叱咤激励や資料収集、文献検索など陰ながら応援して頂きお世話になった。上記の方々には、数々のご指導やご支援を賜った次第である。この場をお借りして深く感謝申し上げる。

　最後に、本書の刊行を快く引き受けて下さった成文堂社長阿部成一氏、同社編集部小林等氏に心から感謝の意を表したい。

2017年3月

　　　　　　　　　　　　　　　　　　　　　　　佐　藤　　　寛

初出一覧

第 1 章
書下ろし

第 2 章
「モンゴル国の環境と水資源—ウランバートル市の水事情を中心として—」中央学院大学社会システム研究所紀要第 12 巻第 2 号（2012 年 3 月）PP. 101-112

第 3 章
「モンゴル国：ウランバートル市の水道と日本：熊本市の水道の比較研究—両市の地下水による水道水源事情を中心に—」神奈川大学アジア・レビュー Vol. 2（2015 年 3 月）PP. 40-54

第 4 章
「モンゴル国：ウランバートル市の水事情と新水源地開発 - 環境社会学の視点から」神奈川大学アジア・レビュー Vol. 3（2016 年 3 月）PP. 44-54
「モンゴル国の水環境—ウランバートル市の上水道事業を中心に」中央学院大学社会システム研究所紀要第 14 巻第 1 号

第 5 章
「モンゴル国：ウランバートル市の都市開発とガチョルト水源地開発—環境社会学の視点から—」中央学院大学社会システム研究所紀要第 16 巻第 2 号（2016 年 3 月）PP. 1-13

第 6 章
「モンゴル国の水環境—ウランバートル市の中央下水処理場を中心に—」中央学院大学社会システム研究所紀要第 14 巻第 2 号（2014 年 3 月）PP. 61-71

第 7 章
「モンゴル国：トーラ川の汚染の実態—ウランバートル市のソンギノキャンプ（Couwor aupaum）場周辺を中心に—」中央学院大学社会システム研究所紀要第 15 巻第 2 号（2015 年 3 月）PP. 1-12

第 8 章
「モンゴル国の経済開発と河川汚染の問題」中央学院大学社会システム研究所紀要第 17 巻第 1 号（2016 年 12 月）PP. 1-12

巻末資料
「水案内（ウランバートル市：水道管理局）」中央学院大学社会システム研究所紀要第 14 巻第 2 号　PP. 113-134

資料　水案内（ウランバートル市：水道管理局）

翻訳：バヤスガラン・オユンツェツェグ
解説：佐藤　寛

ЭРХЭМ ЗОРИЛГО

Улаанбаатар хотын хэрэглэгчдийг унд-ахуйн стандартын шаардлагад нийцсэн усаар тасралтгүй хангах, экологийн тэнцвэрийг хадгалах шалгуурт тохирсон усыг байгальд нийлүүлэх явдал мөн.

НИЙСЛЭЛИЙН ХӨГЖИЛД БИДНИЙ ХУВЬ НЭМЭР

Ус сувгийн удирдах газрын дарга

Б. ПҮРЭВЖАВ

Нийслэл хот үүсч хөгжсөний 370 жил, Ус сувгийн удирдах газар байгуулагдсаны 50 жилийн ойг ажил, хөдөлмөрийн өндөр амжилтаар угтаж байгаадаа бид баяртай байна. Эдгээр түүхэн ойг тохиолдуулан байгууллагынхаа нийт хамт олон, үе үеийн ахмадууд, тэдгээрийн гэр бүл болон нийслэлчүүд та бүхэндээ өөрийн байгууллагын 1400 гаруй ажиллагсадыг төлөөлөн чин сэтгэлийн мэндчилгээ дэвшүүлье.

Манай хамт олон нийслэл Улаанбаатар хотын хүн ам, үйлдвэр аж ахуйн газруудыг стандартын шаардлага хангасан унд-ахуйн усаар тасралтгүй, найдвартай хангах, гарсан бохир усыг татан зайлуулж цэвэрлэх нэр хүндтэй, хариуцлагатай үүргийг хэрэгжүүлэн ажиллаж байна.

Энэ 50 жилийн хугацаанд Улаанбаатар хотын ус түгээгүүр, бохир усны сүлжээ, тоног төхөөрөмжийг жилээс жилд шинэчлэн сайжруулах, дэлхийн түвшинд хүрсэн техник технологийг нэвтрүүлж чандмань эрдэнэ - усаа ариг гамтай хэрэглэх ухамсарт хэрэглээ хэвшүүлэхээр хэрэглэгчдийг тоолууржуулж, гэр хороолын ус амын дундах хэрэглээг нэмэгдүүлж нийслэлийн иргэд, байгууллагуудын ая тухтай амьдрах, ажиллах нөхцлийг бүрдүүлэн ажиллаж байна.

Бидний үйлчилгээний цар хүрээ, хүртээмж жилээс жилд өргөжин тэлж, өсөн нэмэгдэж буй хэрэгцээг тоо, чанарын хувьд бүрэн дүүрэн хангах, цаашид Улаанбаатарчуудын ус хангамжийн эх үүсвэрийн амин судас болсон Туул голыг төрийн тусгай хамгаалалтанд авч усны нөөцийг бохирдох, хорогдохоос хамгаалж, Туул, Сэлбэ голын эрэг орчмыг тохижуулж Нийслэлийн шинэ зууны хөгжилд дорвитой хувь нэмэр оруулах явдал манай хамт олны нэн чухал зорилт болон тавигдаж байна. Нийслэлийн хүн амын төвлөрлийг сааруулах хотын бодлоготой уялдуулан хот орчмын суурин газруудад ус сувгийн иж бүрэн систем байгуулах чиглэлээр төсөл хэрэгжүүлэх бодлого баримталж байна. Эдгээр зорилтуудыг хэрэгжүүлэхэд байгууллагын санхүү, хүний нөөцийн чадавхийг сайжруулж нийслэлийн цаашдын хөгжлийн бодлогод нийцүүлэн ажиллана.

Та бүхэндээ байгууллагынхаа 50 жилийн ойг тохиолдуулан эрүүл энх, сайн сайхныг хүсч, ажил үйлс тань аз хийморьтой байж, сэтгэл итгэл дүүрэн амьдрахын өлзийтэй ерөөлийг дэвшүүлье.

УС СУВГИЙН УДИРДАХ ГАЗАР

資料　水案内（ウランバートル市：水道管理局）　*139*

БАЙГУУЛЛАГЫН БҮТЭЦ БА ХӨГЖЛИЙН ТҮҮХ

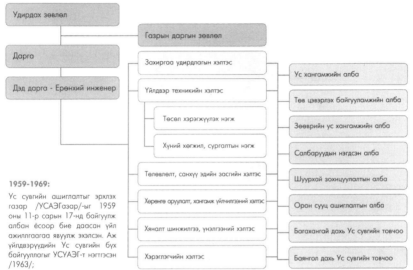

1959-1969:

Ус сувгийн ашиглалтыг эрхлэх газар /УСАЭГазар/-ыг 1959 оны 11-р сарын 17-нд байгуулж албан ёсоор бие даасан үйл ажиллагаагаа явуулж эхэлсэн. Аж үйлдвэрүүдийн Ус сувгийн бүх байгууллагыг УСУАЭГ-т нэгтгэсэн /1963/;

1969-1979:

Хотын захиргааны усны аж ахуйн хэлтсийг Ус сувгийн ашиглалтыг эрхлэх газарт нэгтгэн Усны аж ахуйн ашиглалтыг удирдах газар /УАААУГ/болгон зохион байгуулав /1975/, Усны аж ахуйн ашиглалтын бүлгийн өрөмдмөл худаг засварын группийг шинэ байгууллагад шилжүүлж Улаанбаатар хотын Ус сувгийн ашиглалтын удирдах газар /УСАУГ/ болгон зохион байгуулжээ /1978/;

1979-1989:

УСАУГ –ын орон тоог шинэчилж төлөвлөгөө санхүүгийн хэлтэс, боловсон хүчний хэлтэс, үйлдвэр техникийн хэлтэс, ус хангамжийн хэлтэс, техник ашиглалт хангамжийн алба, цахилгаан, борлуулах, цэвэрлэх байгууламж ариутгах татуургын анги гэсэн салбар нэгжтэй 91 удирдах ажилтантай зохион байгуулж /1979/, Баянгол /1975/, Нисэх- биогийн хэсэг /1985/ -ийг тус тус байгуулав;

1989-1999:

Багахангайн ус сувгийн ашиглалтын анги, Баянталын ус сувгийн ашиглалтын анги. /1989/, 28-р баазаас ус зөөврийн машин шилжүүлж авч Зөөврийн ус хангамжийн анги /1991/, Хэрэглэгчийн хэлтэс /1995/, Шуурхай зохицуулалтын хэлтэс /1996/-ийг тус тус байгуулав;

1999-2009:

Усны алдогдлын групп /1999/, Салбаруудын нэгдсэн алба /2001/, Орон сууц ашиглалтын хэсэг /2002/, Усны тоолуурын лаборитори /2003/, Төсөл хэрэгжүүлэх нэгж /2004/, Хүний хөгжил, сургалтын нэгжийг /2009/ байгуулж өргөжин хөгжив.

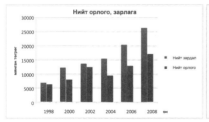

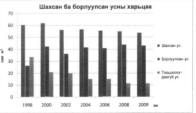

БАЙГУУЛЛАГЫН БҮТЭЦ БА ХӨГЖЛИЙН ТҮҮХ

Хөгжлийн төлөв

1959:
Нийслэл хотын ахуй ундны ус хангамжийн анхдугаар ээлжийн барилгажилтын зураг төслийн даалгаварыг боловсруулж;

1970:
"Гидрокоммунводоканал" хотын цаашдын хөгжлийн ерөнхий схем-ийг боловсруулан батлуулж;

1980:
1980 оны 2-р сарын 6-ны өдрийн 39-р захирамжаар цэвэр бохир усны хөгжлийн схемд экспертизийн дүгнэлт хийх групп томилон ажиллуулж;

1993:
Япон улсын буцалтгүй тусламжаар Улаанбаатар хотын ус хангамжийн эх үүсвэрийн мастер төлөвлөгөөг боловсруулж;

2006:
Дэлхийн банкны төслийн хүрээнд Франц улсын буцалтгүй тусламжаар Улаанбаатар хотын цэвэр, бохир усны мастер төлөвлөгөөг тус тус боловсруулж батлан хэрэгжүүлэв.

2000-2001:
Дэлхийн банкны хөнгөлттэй зээлийн хүрээнд УСУГ-ын бүтэц зохион байгуулалтыг сайжруулах, стратегийн төлөвлөгөө боловсруулах төслийг Швед улсын HIBAB компанитай хамтран хэрэгжүүлж 42 гүйцэтгэлийн үзүүлэлтээр ажлаа хянаж 5, 10 жилээр стратегийн болон бизнес төлөвлөгөө боловсруулан мөрдөн ажиллаж байна.

2007-2010:
Улаанбаатар хотын Ус сувгийн удирдах газар болон Витенс Эвидес байгууллагууд нь Ус хангамжийн байгууллагуудын хамтын ажиллагаа (УХБХА)-г 2007 оны 11 сараас эхлэн УСУГ-ын байгууллагын чадавхийг хөгжүүлэх төслийг хэрэгжүүлж ээлллээ.

Ажиллагсадын тоо:	1443
Орлого: тэрбум төг	19.2
Зардал: тэрбум төг	20.5
Борлуулсан ц: шоо метр/жил	55 сая
Хэрэглэгчдийн тоо:	3600

Нэг хүний хоногийн дундаж хэрэглээ: литр/хоног

Орон сууцанд:	261.5
Гэр хороололд:	8

Усны тариф: шоо метр/төг	Цэвэр ус:	Бохир ус:
Хүн ам:	167.27	98
Албан газар:	550	150
Үйлдвэр:	550	600

Улаанбаатар хотын ус сувгийн шугам сүлжээ

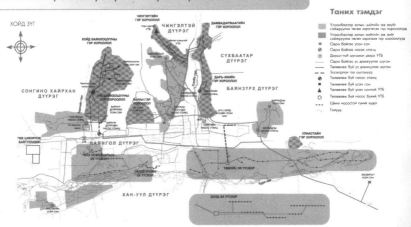

УС ОЛБОРЛОЛТ, ТҮГЭЭЛТ БА ЦЭВЭРЛЭГЭЭ

Ус хангамжийн үүсэл хөгжил

1800 он:
Богд хааны музей буюу Богдын ногоон сүмд уурхайн гүний худаг, Хувьсгалын өмнө Хайстай сумийн, Цэдэн тойны аймгийн, Сунгийн зэрэг -3 гүний худаг, 1929 оноос Газрын доорхи гүний усыг инженерийн хийцээр ашиглаж эхэлсэн.

1930 он:
1930 онд өргөтгөл хийгдэн 1954 оноос машинаар ус зөөж 1959 онд хотын төвлөрсөн ус хангамж, ариутгах татуургын системийг ашиглаж эхэлсэн байна.

Ус хангамж ба ариутгах татуурга

2009 он:
Ус хангамжийн 4 эх үүсвэрийн 176 худгаас жилдээ дундажаар 55-56 сая.м³ усыг 24 усан сан, 3 насосны станц, 348 км шугам хоолойгоор дамжуулан 3600 хэрэглэгчдийг усаар хангаж гарсан бохир усыг 154 км шугам хоолойгоор татан зайлуулж, 1 том, 3 жижиг хүчин чадлын биологийн цэвэрлэх байгууламжаар цэвэрлэн байгальд нийлүүлж байна.

Төв цэвэрлэх байгууламж

Төв Цэвэрлэх байгууламж нь анх 1964 онд хоногт 45000 м³ бохир ус хүлээн авч механик цэвэрлэгээгээр 45% хүртэл цэвэршүүлэх байгууламж ашиглалтанд орсноос хойш нийслэл хотын хөгжилтэй уялдан 1979, 1986 онуудад өргөтгөл хийгдэж орчин үеийн техник технологийг ашиглан үйл ажиллагаагаа явуулж байна.

Төв Цэвэрлэх байгууламж нь хоногт 160-170 мянган м³ бохир ус хүлээн авч механик ба биологийн аргаар цэвэршүүлж Хэт ягаан туяагаар халдваргүйжүүлэн байгальд нийлүүлж байна. Тунасан лагийг /96% чийглэгтэй/өтгөрүүлэн фильтр прессээр усгүйжүүлэн 72% чийглэгтэй болгон лагийн талбайд хатааж зөөвөрлөж байна.

Үйлдвэрлэл	1959 он	2009 он
Усны эх үүсвэр	1	4
Гүний худаг		
Төвлөрсөн систем	10	176
Гэр хороолын систем	-	14
Бие даасан систем		
Төв цэвэрлэх байгууламж	-	1
Бага оврын цэвэрлэх байгууламж	-	3

УС ОЛБОРЛОЛТ, ТҮГЭЭЛТ БА ЦЭВЭРЛЭГЭЭ

Шугам сүлжээ	1959 он	2009 он
Шугам сүлжээ, км	15	348
Бохир усны сүлжээ, км	8	154
Усан сан, м³	1000	54500
Гэр хороолын шугам, км	-	173
Насосны станц	2	7
Усны машин	17	60
Бохир ус зөөх	-	5
Усны алдагдал, %	-	10
Усан сан, м³	1000	5500
УТБ	16	466

Гэр хороолын ус хангамжийн үйлчилгээ

Гэр хороололд зөөврийн 296, шугамд холбогдсон 170 гаруй ус түгээх байраар Нийслэлийн 6 дүүргийн 500 гаруй мянган хүн ам, 30 орчим албан байгууллагад зөөврөөр, 97 байгууллага, айл өрхөд шугамаар үйлчилгээ үзүүлэхээс гадна хотоос алслагдсан Туул хороо, Салхит зэрэг газруудад тээврээр, Биокомбинат, Шувуун фаврик, Шадивлан, Шарга-Морьт, Хуурай мухар, Сэлхит зэрэг газруудад бие даасан гүний худгийн системээр ус түгээж байна.

УС СҮВГИЙН УДИРДАХ ГАЗАР

ҮЙЛДВЭРЛЭЛИЙН ХЯНАЛТ, УДИРДЛАГА

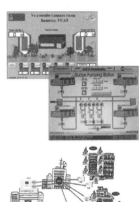

Диспетчерийн инженерүүд нь үйлдвэрлэлийн нийт 33 цэгт 24 цагийн турш тасралтгүй үйл ажиллагааг хянах, удирдах зорилгоор ажиллаж нийт 33 цэгээс мэдээлэл авч 3 цэгийн үйл ажиллагааг удирдан ажиллаж байна. Үйл ажиллагааг хэвийн найдвартай явуулах, орчин үеийн шаардлагад нийцүүлэн дэлхийн дэвшилтэт техник, технологийг хянан зохицуулах, авааар осол, доголдол зөрчилгүй ажиллуулах үүднээс алсгадсан хэсгийг бие даасан хяналт, удирдлагын системтэй болгох ажлыг 1985 оноос хойш хэрэгжүүлж улам боловсронгуй болгон Нэгдсэн удирдлагын төвийг байгуулах зорилготой ажиллаж байна.

1999 он: Төвийн эх үүсвэр дээр нийт 74 гүний худгийн ажиллагааг хянах, удирдлагын систем;

2004 он: Дэлхийн банкны хөнгөлттэй зээлээр УБНААСТ-1 -ын хүрээнд 33 цэгийн усны дарал, урсац, усан сангийн түвшингийн мэдээлэл авах Телеметрийн хяналтын систем;

2005 он: 3,4-р хороолын Тасганы станцыг Синетик компанитай хамтран бүрэн автомат ажиллагааг хянах GSM-ийн систем;

2006 он: 40 УДДТ-ийн усны зарцуулалтыг нэг цэгээс хянах системийг ашиглалтанд оруулж 2007, 2008, 2009 онуудад өргөтгөн 118 цэгийн хэрэглээг шууд хянаж;

Дээд эх үүсвэрийн 16, цаашид 39 гүний худгуудыг радио модемээр хянах системд шилжүүлж;

2008-2009 он: УСУГ-ын санаачлагаар Солонгос улсын КОЙКА-гийн тусламжаар 44 УДДТ-ын насос тоног төхөөрөмжийг эрчим хүчний хэмнэлттэй шинэ техникээр шинэчилж;

2009 он: Недерландын мэргэжилтнүүдтэй хамтарч Баянголын УСАТ-ны 5 гүний худаг, 2-р өргөгчийн насосны станцыг өөрсдийн хүчээр Siemens-ийн технологи суурилуулан ус хангамжийн системийн ариун цэврийн хамгаалалт, аюулгүй ажиллагааг бүрэн хангах үйлдвэрлэлийн процессийг иж бүрэн автоматжууллаа. Ингэснээр эрчим хүчний хэрэглээг 30-40% бууруулах боломжтой болов. /2009 оны 9-р сард ашиглалтанд орлоо/;

2009 он: Дэлхийн банкны хөнгөлттэй зээлээр УБНААСТ-2 -ын хүрээнд 33 цэгийг дарлт ба зардал тохируулогчийн хамт ус хангамжийн системийг хянах дэд төслийг хэрэгжүүлж 10-р сараас эхлэн ашиглах болов;

ХЭРЭГЛЭГЧДЭД ҮЗҮҮЛЖ БУЙ ҮЙЛЧИЛГЭЭ

УСУГ нь нийт 3600 хэрэглэгчийг цэвэр усаар хангах, бохир усыг татан зайлуулах үйлчилгээ явуулдаг "Хэрэглэгчдийг хаанд өргөмжилсөн хамт олон" билээ. Хэрэглэгчдэд дараахи үйлчилгээ явуулж байна. Үүнд:

- аж ахуйн гэрээ байгуулах;
- усны зүй бус алдагдлыг багасгах;
- хэрэглэгчдийг тоолуурждуулах;
- хэрэглэгчдэд түгээсэн цэвэр ус болон татан зайлуулсан бохир усны орлогыг цуглуулах;
- найдваргүй авлага үүсгэхгүй байх;
- хэрэглэгчийн инженерийн шугам сүлжээний ашиглалт, үйлчилгээнд хяналт тавих;
- шинэ барилгыг ашиглалтанд хүлээн авах;
- олон нийтийн дунд сургалт, сурталчилгааны ажил зохион байгуулах;
- иргэдийн санал хүсэлтийг шийдвэрлэх;

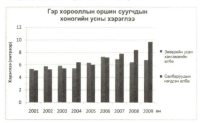

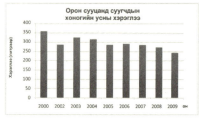

Одоогоос 10 гаруй жилийн өмнө УБ хотын нийт хэрэглэгчийн зөвхөн 14.5 хувь нь усныхаа хэрэглээг тоолуураар тооцож эх үүсвэрээс шахаж байгаа ус хэрэглэгчдэд борлуулж байгаа усны харьцаа 50.6 хувь болж хоногт шахан түгээж байгаа усныхаа зөвхөн 49.4 хувьд нь төлбөр авч байсан бол "Хэрэглэгчдэд түгээх эрчим хүч усыг тоолуураар хэмжиж тооцох" тухай Монгол улсын засгийн газрын 1995 оны 67-р тогтоолыг өргөмжүүлэх ажил үе шаттай зохион байгуулж хэрэглэгчдийг тоолуурждуулах, төвлөрсөн орон сууцанд сууж байгаа нэг хүний хоногийн усны дундаж хэрэглээг тогтоох ажлыг 1997 оноос эхлэн Япон улсын буцалтгүй тусламжаар 56 УДДТ-ийг тоолуурждуулснаар тухайн үед төвлөрсөн хангамжтай орон сууцны нэг хүн хоногт дунджаар 430-450 л ус хэрэглэж байсан бол 2009 оны эхний 9 сарын байдлаар хоногийн дундаж хэрэглээ 261.5 литр хүртэл буурууж чадлаа.

Өнөөдрийн байдлаар УБ хотын УСУГазар нь хэрэглэгчдээ 100 хувь тоолуурждуулж усныхаа төлбөр тооцоог тоолуурын заалтаар хийж байгаа нь хэрэглэгчдэд усны үнэ цэнийг ойлгуулах, усыг ариг гамтай хэрэглэх, өөрөө өөрийнхөө хэрэглээнд хяналт тавьж чаддаг ухамсарт хэрэглээг хэвшүүлэхэд чиглэгдэж байгаа юм.

Төвлөрсөн системд холбогдсон орон сууцны хэрэглэгчдийг нэгдсэн узэль, УДДТ-ээр нь, байр орцоор нь, айл өрхөөр тоолуурждуулах ажлыг үргэлжлүүлэн хийсэн нь усны алдагдлыг арилгах, үргүй зардлыг багасгахад анхаарч одоо 118 цэгийн усны зарцуулалтыг нэг цэгээс хянах, 65 хэрэглэгчийн хэрэглээг урьдчилсан төлбөрт тоолуураар тооцож эхлээд байна. Үүний үр дүнд шахсан усанд борлуулсан усны эзлэх хувь 79%-д хүрлээ.

УСНЫ ЧАНАРЫН ХЯНАЛТ

Цэвэр усны лаборатори нь анх Ус сувгийн удирдах газар байгуулагдахад, Бохир усны лаборатори нь Төв Цэвэрлэх Байгууламжийг анх ашиглалтанд /1964 он/ ороход тус тус байгуулагдсан болно. Усанд хими, нян судлалын шинжилгээг 1975 оноос хийж эхэлсэн. Цэвэр усны лаборатори нь 2000, 2003 онуудад 2 удаа, Бохир усны лаборатори нь 2005 онд СХЗҮТөвөөс тус тус "Итгэмжлэгдсэн лаборатори"-ийн эрх авсан. Улс орны өнөөгийн шаардлага, байгаль орчны бохирдлоос хамгаалах болон цэвэр бохир усны чанарыг хангах үүднээс цэвэр усны 75, бохир усны 71 стандартаар шинжилгээ хийж байна.

Дэлхийн банкны хөнгөлттэй зээлээр хэрэгжүүлж буй УБНААСТ-2–ын хүрээнд цэвэр, бохир усны лабораторийг нэгтгэн орчин үеийн шинэ тоног төхөөрөмж, багаж суурилуулж, УСУГ өөрийн хөрөнгөөр иж бүрэн тохижуулан энэ оны 10-р сарын 26 наас ашиглаж эхлэхэд бэлэн боллоо.

Ингэснээр чанарын хяналтыг улам боловсронгуй болгож усны эх үүсвэрүүд болон Туул гол, түүний тэжээгч голуудын усны чанарыг тогтмол хянаж, хөрсний бохирдолтын шинжилгээг үе шаттайгаар хийж бохирдолтын бүсийг тогтоох, усыг халдваргүйжүүлэх аргыг улам боловсронгуй болгоно.

БҮТЭЭН БАЙГУУЛАЛТ ХӨГЖЛИЙН ЧИГ ХАНДЛАГА

Хотын төвлөрсөн систем:

1993 он: 10-р сараас Япон улсын буцалтгүй тусламжаар "Улаанбаатар хотын ус хангамжийн тоног төхөөрөмжийг нэн яаралтай сэргээн засварлах" төслийн судалгааны баг ажилласан.

1997-1999: Япон улсын буцалтгүй тусламжаар "Улаанбаатар хотын ус хангамжийн тоног төхөөрөмжийг нэн яаралтай сэргээн засварлах" Төслийн хүрээнд Хлоржуулах байгууламжийг бүрэн шинэчилж /1996/, Япон улсын буцалтгүй тусламжаар /21 сая Ам. Доллар/ Төвийн эх үүсвэрийн тоног төхөөрөмжийн хэрэгжүүлж хүчин чадлыг нь 20 хувь нэмэгдүүлж, тоног төхөөрөмжийн 60 хувь шинэчилж, гүний худгуудийн үйл ажиллагааг алсаас хянах, удирдах боломжтой болж ингэснээр эрчим хүчний зарцуулалтыг 15-20% бууруулсан.

1999 он: Япон улсын ЖАЙКА –гаас бэлэглэсэн багажны тусламжтайгаар шугамны усны алдагдал илрүүлэх, яндан хоолойн байршлыг тодорхойлох боломжтой боллоо.

2000 он: Дани улсын богино хугацааны хөнгөлттэй зээлээр Махын станцын эх үүсвэрийн тоног төхөөрөмжийг бүрэн шинэчилж, гүний худгуудыг алсаас удирдах, хэрэглээнээс хамаарах системд шилжсэнээр эрчим хүчний зарцуулалтыг дунджаар 35% бууруулсан.

2001 он: БНХАУ-ын Бүргэд компанитай хамтран Үйлдвэрийн станцын тоног төхөөрөмжийг өөрийн хөрөнгөөр бүрэн шинэчлэв.

2004 он: 3,4-р хороолын дамжуулан шахах Тасганы станцын тоног төхөөрөмжийг өөрийн хөрөнгөөр Орос улсын Синетик компанитай хамтран бүрэн автомат ажиллагаанд оруулж эрчим хүчний зарцуулалтыг 30% бууруулсан.

2005-2007 он: Япон улсын Засгийн газрын буцалтгүй тусламжаар Дээд эх үүсвэрийн тоног төхөөрөмжийг шинэчлэх төслийг Япон улсын буцалтгүй тусламжаар 14 сая Ам. Доллар/ хэрэгжүүлж хүчин чадлыг нь 20 хувь, тоног төхөөрөмжийн 80 хувь шинэчилж хол байрласан гүний худгийн үйл ажиллагааг хянах, удирдах боломжтой боллоо.

2008 он: Дэлхийн банкны хөнгөлттэй зээлээр УБНААСТ-2 -ын хүрээнд Баруун дүүргийн насосны станцын тоног төхөөрөмжийг бүрэн шинэчилж эрчим хүчний зарцуулалтыг 15-20% буурууллаа.

2009-8-4: Гачууртын төслийн судалгааны баг ажлаа эхлэв.

Гэр хороололын ус хангамжийн систем:

1998-2004: Дэлхийн банкны хөнгөлттэй зээлээр УБНААСТ-1 -ын хүрээнд Толгойт, Хайлааст Дэнжийн мянга, Шар хад, Нисэх, Яармагийн системийг барьж нийт 98 км хуванцар яндан хоолой, 3 усан сан /2500м³/, 3 насосны станц барьж гэр хороололын 107 мянган хэрэглэгчдэд үйлчилж буй 130 УТБ-ыг шугамд холбосон.

2005-2010 он: Дэлхийн банкны хөнгөлттэй зээлээр УБНААСТ-2 -ын хүрээнд Чингэлтэй, Баянхошуу, Дарь-Эх, Дамбадаржаагийн гэр хороололд 3 усан сан /2500м³/, 3 насосны станц, 78 км хуванцар, ширмэн яндан хоолой суурилуулж нийт 113 УТБ-ыг шугамд холбон 350 мянган хэрэглэгчдийн ус хангамжийн нөхцлийг сайжруулах төлөвлөгөөтэй хэрэгжүүлж байна.

2008 он: Чингэлтэйн гэр хороололын ус хангамжийн системийг ашиглалтанд өгсөн.

2006-2009 он: Хотын алслагдсан гэр хороололын ус хангамжийг сайжруулах төслийг Чех улсын буцалтгүй тусламжаар /1.3 сая ам.доллар/ хэрэгжүүлсэн.

2009 он: Баянхошуу ба Дамбадаржаагийн гэр хороололын системийг ашиглалтанд өгөхөөр ажиллаж байна.

Төв Цэвэрлэх Байгууламж:

1998-1999 он: Туул голын бохирдолыг бууруулах төсөл: Нидерланд Улсын Засгийн Газрын буцалтгүй тусламжаар НҮБ-ийн хөгжлийн хөтөлбөрийн хүрээнд Цэвэрлэх байгууламжийн хуучин захын станцыг Дани улсын COWI, Intertec Co.,ltd компанитай хамтран иж бүрэн шинэчилж автомат ажиллагаанд оруулснаар эрчим хүчний зарцуулалтыг 50% бууруулсан.

2001-2002 он: ТУУЛ -21 төсөл: Нидерланд Улсын Засгийн Газрын буцалтгүй тусламжаар ТЦБ-ын усны зарцуулалтыг хэмжигч, үйлдвэрүүдийн бохир усны дээжийг авах автомат дээж авагч, лабораторийн тоног төхөөрөмжүүд, багаж нийлүүлж хэт бохирдолтой ус нийлүүлдэг 42 үйлдвэрийн усанд тогтмол шинжилгээ хийж зарим үйлдвэрүүд дээр цэвэр үйлдвэрлэлийн технологи нэвтрүүлсэн.

2002-2004 он: "Төв цэвэрлэх байгууламжийн тоног төхөөрөмжийг шинэчлэх төсөл-1"-ийг Испани улсын хөнгөлттэй зээлээр /9.5 сая евро/ хэрэгжүүлж нийт тоног төхөөрөмжийг 50% шинэчилсэн.

2007-2009 он: "Төв цэвэрлэх байгууламжийн тоног төхөөрөмжийг шинэчлэх төсөл-2"-ийг Испани улсын хөнгөлттэй зээлээр /4.7 сая евро/ хэрэгжүүлж механик ба биологи цэвэрлэгээний тунгаагууруудын эд анги, бетон хийц, лагийн өтгөрүүлэх усгүйжүүлэх төхөөрөмж суурилуулж лагийн чийглэгийг 96% -иас 72% хүртэл бууруулж чадлаа.

2007-2009 он: Цэвэрлэгдсэн усыг Хэт ягаан туяагаар халдваргүйжүүлэх байгаль экологид зэлтэй төхөөрөмж, технологийг Солонгос улсын DOOHAP CLEANTECH компанитай хамтран суурилуулаа.

БИДНИЙ ОЛОЛТ, АМЖИЛТ

- НААҮЯ-наас зохион байгуулсан уралдаанд 3-р байр, /1977 он/
- МҮЭ-н төв зөвлөлийн зохион байгуулсан улсын хэмжээний үзлэгт 1-р байр, /1987 он/
- Нягтлан бодох бүртгэлийн олон улсын стандартыг нэвтрүүлсэн байгууллага, /1999 он/
- УБ хотын захирагчийн үйл ажиллагааны хөтөлбөрийг хэрэгжүүлж, тухайн жилийн ажлаараа Улаанбаатар хотын захирагчийн ажлын албаны харьяа газруудаас 1, 2-р байр, /1998, 1999, 2000, 2001, 2006, 2008; 2002, 2003, 2007 он/
- Нийгмийн даатгалын шимтгэл төлөгч тэргүүний байгууллага, /2000, 2004, 2005, 2008 он/
- Нийтийн аж ахуйн салбарын "Оны шилдэг байгууллага", /2002 он/
- "Хэрэглэгчдийн найдвартай түнш" байгууллага, /2003 он/
- Монгол улсын "Үндэсний шилдэг ТОП-100 аж ахуйн нэгж" байгууллага, /2002, 2003, 2005, 2006, 2007, 2008 он/
- "Хэрэглэгчдийг хаанд өргөмжилсөн хамт олон", /2004 он/
- "Найдвартай татвар төлөгч" байгууллага, /2004, 2007 он/
- Нийслэл Улаанбаатар хот байгуулагдсаны 365 жилийн ойд зориулсан Их өргөөний эзэд урлаг спортын наадамд 3-р байр, /2004 он/
- Улаанбаатар хотын хэмжээнд зарласан "Тохитой орчин 2005" болзолт уралдаанд гэрэлтүүлэг сайтай байгууллага, /2005 он/
- Монгол улсын нийтийн аж ахуйн "Салбарын тэргүүний байгууллага", /2006 он/
- Олон улсын чанарын "Шинэ мянганы шагнал", /2008 он/
- "Нийгмийн даатгалын итгэлтэй түнш" байгууллага /2008 он/
- "Бизнесийн ёс зүйг дээдлэгч" байгууллага, /2008 он/
- "Статистикийн тэргүүний мэдээлэгч" байгууллага, /2008 он/

水案内（ウランバートル市：水道管理局）

水道管理局のミッション

ウランバートル市の消費者に対し、基準に適合した水を継続的に供給し、エコのバランスを維持する条件を満たした水を自然に返す。

ウランバートル市の発展に対する水道管理局の役割

ウランバートル市の創立370周年、水道管理局創設50周年を高い業績で迎えることができて大変嬉しく思います。この記念すべき年に、水道管理局の1400名の職員を代表して、ウランバートル市の市民の皆様、水道管理局から定年退職した元職員の皆様とご家族に挨拶を申し上げます。

水道管理局は、ウランバートル市の市民、企業に基準に適合した水を継続的、安定的に供給し、下水・排水を処理する名誉のある、また責任の高い業務に取り組んできました。

ここ50年間において、年々、ウランバートル市の上下水道網、機械設備を改善し、世界基準に適合した技術を導入し、市民の節水の意識を高めるために、水使用量測定器を設置し、ゲル地区の住民の水の平均的な使用量を増やし、市民と企業の皆様に快適な生活・労働環境を整備するために努力してきました。

年々、水道管理局のサービスの範囲も拡大しています。増加しつつある水のニーズを量と質とともに十分に満たし、将来、ウランバートル市の水源の源であるトーラ川を特別に保護し、トーラ川とセレベ川の周辺を整備し、ウランバートル市の新しい世紀の発展に貢献することを重要な目標として掲げています。

ウランバートル市一極集中を是正するウランバートル市の市役所の政策に伴い、ウランバートル市の郊外の町に新しい水道システムを作るプロジェクトを実施することを考えております。これらの目標を実現するために、水道管理局の財務能力と人事を強化し、ウランバートル市の開発計画に沿った事業を展開する計画であります。

水道管理局創設50周年の挨拶を申し上げるとともに、皆様の益々のご発展と、皆様のご健康とお幸せを、お祈り致します。

水道管理局局長　B. Purevjav

水道管理局の組織図

- 管理委員会
- 局長
- 副局長

- 部門長委員会
- 総務部
- 機械設備部
- プロジェクト実施部
- 人事・研修部
- 企画・財務部
- 投資、供給、サービス部
- 調査、評価部
- 消費者部

- 水供給課
- 中央処理施設
- 水運搬部
- 支部総括課
- 緊急対策課
- 住宅課
- バヤンゴルの水道課
- バガハンガイの水道課

水道管理局の歴史

1959～1969 年：
　水道使用管理局が 1959 年 11 月 17 日に作られた。1963 年に水道関係の事業を担当していたすべての組織を水道管理局に合併させた。

1969 年～1979 年：
　1975 年にウランバートル市役所付属水道局を水道管理局に合併させ、水道使用管理局の組織を改正した。1978 年に井戸の修理・管理を担当する局を水道使用管理局に合併させ、ウランバートル市水道使用管理局として再組織化した。

表1　収入と支出
表2　配水量と販売水量
図表　1　ウランバートル市水網

1979 年～1989 年：
　1979 年に水道使用管理局に財務部、人事部、生産・技術部、水供給部、機械設備部、電気部、水販売部、処理部、消毒部を作り、91 人の管理担当者を置いた。1975 年にバヤンゴル、1975 年に空港周辺担当部を設けた。

1989年～1999年：
　1989年にバガハンガイに水道管理部、バヤンタルに水道管理部1991年に水輸送部、1995年に消費者部、1996年に緊急事態対策部を設けた。
1999年～2009年：
　1999年に水損失問題担当部、2001年に支部総括部、2002年に住宅部、2003年に水測定器担当室、2004年プロジェクト部、2009年に人事開発、研修部を設けた。

発展のプロセス：
　1959年にウランバートル市飲料水供給施設の設計を作成した。
　1970年にウランバートル市発展計画を作成した。
　1980年2月6日付け第39号令により上下水システム発展計画を分析評価した。
　1993年に日本の無償援助によりウランバートル市の水供給に関する水源マスタープランを作成した。
　2006年に世界銀行のプロジェクトの一環で、フランスの無償援助により、ウランバートル上下水システムに関するマスタープランを作成した。
2000年～2001年：
　世界銀行の無償援助の一環で、水道使用管理局の組織改善、戦略策定に関するプロジェクトをスイスのHIFAB社と共同で実施し、42の指標で業績を評価することになった。戦略計画を5年と10年間のスパンで作成してきた。
2007年～2010年：
　ウランバートル市水道使用管理局とVitensEvidensとの協力活動を開始し、2007年11月から水道管理局の機能を強化するプロジェクトを実施している。
従業員数　1443名
収入（単位：一億トグルグ）19.2
支出（単位：一億トグルグ）：20.5
販売水：（立方メートル／年）5500万
消費者数：3600
一人当たりの消費水（一日／リットル）
住宅居住者　261.5リットル
ゲル集落居住者　8リットル

水の価格（立方メートル／一日）：	上水	上水
人口	167.27	98
機関	550	150
企業	550	600

水供給の歴史
1800年：
　ボグドハーン博物館（旧ボグド宮殿）の敷地内に井戸、ハイスタイ寺院、ツェデン・タイン・アイマク、スングに三つの井戸を使い始めた。1929年から地下水の近代的な設計のもとに活用しはじめた。

水供給、消毒システム
1930年：
　1930年から井戸を増やし、1954年から水を輸送しはじめ、1959年から水供給、消毒システムを導入した。
2009年：
　水供給の4つの源である176か所の井戸から年間、5500万〜5600万立方メートルの水を24の水保存施設、3のポンプ式のスタンド、348キロメートルの水管を通じて3600名の消費者に水の供給を行った。154キロメートルの水管を通じて、排水を回収し、1つの大規模な施設、3つの小規模の施設で処理し自然に戻している。

システム	1959年	2009年
水源	1	4
井戸		
中央システム	10	176
ゲル集落システム	—	14
独立したシステム		
中央処理施設	—	1
小規模処理施設	—	3

中央排水処理施設
　中央処理施設は1964年に作られた。当初、一日45000立方メートルの排水を受け取り、機械方式で45パーセントまで処理していた。ウランバートル市の発展に伴い、1979年、1986年に施設を増築し、機械設備を改善した。
　中央処理施設は、一日、16万〜17万立方メートルの排水を受け取り、機械方式と化学方式で処理し、紫外線で消毒し、自然に戻している。残りの土（湿度96パーセント）などを固め、72パーセントまで水分を抜き取り、土保存場所で乾燥させている。

水管	1959年	2009年
水管（キロメートル）	15	348
下水水管（キロメートル）	8	154
水保存施設（立方メートル）	1000	54500
ゲル集落水管（キロメートル）	—	173
ポンプ式のスタンド	2	7
水運搬車	17	60
下水運搬	—	5
水損失（パーセント）	—	10
水保存施設（立方メートル）	1000	5500
水供給施設	16	466

ゲル集落における水供給状況

　ゲル集落に水を運ぶ296の施設、中央システムの水管に繋がった170の供給施設を通じて、ウランバートル市の6つの区の50万人の消費者、30ぐらいの組織に水を運んで供給している。97の組織と家庭に中央システムの水道管から水を供給している。ウランバートル市から遠く離れたトールホロー、サルヒトなどの地域に水を運んでいる。ビオ・コンビナト、シュブンファブリカ、シャドブリン、シャルガ・モルト、フライ・ムハル、セルヘトなどの地域に独立した井戸システムを通じて水を供給している。

水道管理局

　技術者が33の支部から24時間、情報を収集し、常時にコントロールしている。水供給システムを安定的に運営し、機械・技術を管理している。事故防止・抑制のために、1985年に、ウランバートル市から遠く離れた支部において単独したコントロール制度を導入しはじめている。

1999年：
　74の井戸を管理するシステムを導入した。

2004年：
　世界銀行の資金援助により、33の支部の水圧、流れ、水保存施設の情報を管理するシステムを導入した。

2005年：
　第3・4地区のタスガンのスタンドをSintek社の協力により、自動的な管理システムであるGSMを導入した。

2006 年：
　配水状況を一箇所から管理するシステムを導入し、2007 年、2008 年、2009 年に増築し、118 箇所の配水状況を直接に管理できるようになった。今後、39 の井戸をラジオモデムにより管理するシステムを導入した。

2008 年～2009 年：
　韓国の KOICA の援助により 44 箇所の配水施設のポンプを改善し、省エネの機械を設置した。

2009 年：
　2009 年 9 月からオランダの専門家と協働し、バヤンゴルの 5 つの井戸、ポンプのスタンドを改善した。Siemens の機械を設置し、衛生で安全な配水システムを完全に自動化した。これにより、電力を 30～40％を節約するようになった。

2009 年：
　2009 年 10 月から世界銀行の資金援助により、33 箇所の配水施設の水圧などを調整し、コントロールするシステムを強化した。

　水道管理局は 3600 名の消費者に水を配水し、下水を回収している。具体的には以下のようなサービスを提供している。

配水契約の締結
水道水の損失の低減
水使用量測定器の設置
配水量と下水回収量による収入調達
滞納処分
配水網の運営管理
消費者に対する水に関する教育、宣伝活動
消費者の申請・申し込みに対する処理

表 3　ゲル集落居住者の水使用量（一日）
表 4　住宅居住者の水使用量（一日）

　10 年前にウランバートル市の総消費者のわずか 14.5％が水使用量測定器を設置していた。その当時、一日、配水していた水は 49.4％だけからの料金を回収していた。1995 年に公布したモンゴル国政府の第 67 号令「消費者に配水する水を測定器で計算する決定」に基づき、段階的に消費者に測定器を設置しはじめた。そのほか、住宅居住者の一日の水使用量を測定しはじめた。1997 年から日本の無償援助により測定器設置プロジェクトを実施した。当時、一人当たりの水使用量が 430-500 リットルだったが、2009 年 9 月現在、一日の使用量を 261.5 リットルまでに減らすことができた。

　現在、ウランバートルの水道管理局が消費者に 100％測定器を設置し、測定器の

数値に基づき、手数料を回収している。測定器導入は消費者に対し、水の価値を認識させ、水を大事に使い、節水し、自分で消費をコントロールする習慣を付けることができた。水道水の損失を低減し、無駄なコストを減らすことに力を入れ、118箇所の水使用を一箇所からコントロールし、65箇所の消費者の水使用量を事前に測定するようになった。その結果、配水量の79%から使用量を回収できるようになった。

水質検査

水道管理局と一緒に上水ラボラトリー、中央処理施設と一緒に下水ラボラトリー（1964年）が作られた。1975年から化学検査、菌の検査をスタートした。上水ラボラトリーが、2000年、2003年に2回、下水ラボラトリーが2005年に標準局から「公認ラボラトリー」の証明書を受理している。環境保全、上下水の質をコントロールするために、上水に75、下水に71の基準に基づき検査するようになった。

2013年に世界銀行の資金援助により、上水ラボラトリーと下水ラボラトリーを合併させ、最新の機械設備を設置した。水道管理局の管轄下に、2013年10月26日から新しいラボラトリーがオープンした。これにより、水のコントロールを強化し、飲用水の源であるトーラ川と、トーラ川に合流するその他の小川の水質を常時にコントロールし、土壌の汚染の検査を段階的に実施し、汚染地域を確定し、水を消毒する技術をより改善して行く。

ウランバートル市中央システム

1993年：

1993年10月から日本の無償援助により「ウランバートル市の水供給機械設備を至急に改善する」ことを検討するプロジェクトを実施した。

1997-1999年：

日本の無償援助により「ウランバートル市の水供給機械設備の改善」プロジェクトの一環で、1996年に消毒設備を改善し、2100万ドルで機械設備の機能を20%強化し、機械設備の60%を改善し、井戸を遠隔管理できるようになった。その結果、電力消費量を15-20%減らすことができた。

1999年：

JICAから寄贈を受けた機械を用いて、水管の損失を測定することができるようになった。

2000年

デンマークの短期資金援助（融資）により、遠隔管理システムの機能を強化した。その結果、電力消費量を35%減らすことができた。

2001年：

中国のBurged会社と協働で、企業配水施設の設備改善を行った。

2004年：
　ロシアのSinetek社と協働で、水道管理局の自己資金により、第3・4地区の配水設備を自動化した。その結果、電力消費量を30%減らすことができた。
2005-2007年：
　日本の1400万ドルの無償援助により、設備改善を行い、機能を20%強化した。機械設備の80%を改善した。井戸遠隔管理システムを改善した。
2008年：
　世界銀行の資金援助により、西部の区におけるポンプスタンドの機械設備を完全に改善し、電力消費量を15-20%減らすことができた。
2009年8月4日
　ガチュルトでプロジェクトをスタートした。

ゲル集落の水供給システム
1998-2004年：
　世界銀行の資金援助により、トルゴイト、ハイルスタ、シャルハダ、ニセフ、ヤルマグで水供給システムを作り、プラスチックの98キロメートルの水管、3つの水保存施設（2500立方メートル）、3つのポンプスタンドを作り、ゲル集落の10万7千名の消費者に水を供給する130の施設をシステムにつなげた。
2005-2010年：
　世界銀行の資金援助により、チングルテイ、バヤンホシュ、ダリ・エヘ、ダンブダルジャのゲル集落に3つの水保存施設（2500立方メートル）、3つのポンプスタンドを作り、78キロメートルのプラスチックと鉄の水管を設置し、35万名の消費者に水を供給する113の施設をシステムに繋ぎ、水供給システムを改善する計画である。
2008年：
　チングルテイのゲル集落の水供給システムを改善した。
2006-2009年：
　市の中心部から遠く離れたゲル集落の水供給システムを強化するプロジェクトをチェコの無償援助（130万ドル）により実施した。
2009年：
　バヤンホシュ、ダンブダルジャのゲル集落の水供給システムを改善する事業をスタートした。
中央処理施設
1998-1999年：「トーラ川の汚染を処理するプロジェクト」：
　オランダ政府の無償援助により、国連の開発プログラムの一環で、旧市場の近くにあった施設をデンマークのCOWI,Intertec社と協働で完全に自動化した。その結果、電力消費量を50%減らすことができた。

2001-2002年:「トーラ川21」プロジェクト
　オランダ政府の無償援助により、中央処理施設の水使用量を測定する機械、企業排水サンプル回収機械、ラボラトリー用機械を購入した。42の企業で定期的に検査を行い、一部の企業の技術を改善した。
2002-2004年:
　「中央処理施設の機械設備改善プロジェクト1」をスペインの資金援助（950万ユーロ）により実施し、機械設備を50％改善した。
2007-2009年:
　「中央処理施設の機械設備改善プロジェクト2」をスペインの資金援助（470万ユーロ）により実施し、機械とバイオ処理の機械、土を固め水分をとる機械（湿度を96％から72％まで減らした）を改善した。
2007-2009年:
　韓国のDOOHAP CLEANTECH社と協働で、処理水を紫外線で消毒する環境にやさしい技術を導入した。

水道管理局の成果
1977年:農業省の主催したコンクールにおいて第3位の成績で受賞した。
1987年:モンゴル動労組合の全国調査で第1位の成績で受賞した。
1999年:会計管理スタンダードを導入した。
1998、1999、2000、2001、2006、2008、2002、2003、2007年:ウランバートル市市役所の事業プログラムを実施し、業績が評価され、「優秀な組織」　第1、2位の成績を収め受賞した。
2000、2004、2005、2008年:「優秀な社会保険納税者」に選ばれた。
2002年:「社会サービス分野における優秀な組織」に選ばれた。
2003年:「消費者の信頼できる組織」に選ばれた。
2002、2003、2005、2006、2007、2008年:「モンゴル国トップ100社」に選ばれた。
2004年:「消費者を尊重している企業」に選ばれた。
2004、2007年:「信頼できる納税者」に選ばれた。
2004年:ウランバートル市創立365周年記念文化芸術際・スポーツ大会で第3位を受賞した。
2005年:「ウランバートル市快適な環境2005年」コンクールで「明るい組織」に選ばれた。
2006年:モンゴル国社会サービス分野における優秀な組織」に選ばれた。
2008年:導入した国際基準が評価され「新世紀の賞」を受賞
2008年:「優秀な社会保険納税者」に選ばれた。
2008年:「ビジネスのモラルモラルが浸透している組織」に選ばれた。

2008年「統計データーを整理している組織」に選ばれた。

（翻訳：バヤスガラン・オユンツェツェグ）

解　説

　当「水案内　（ウランバートル市：水道管理局）」資料は、ウランバート市の上下水道の歴史的変遷と今日の水状況を説明・解説されたものである。当翻訳は活字のみ翻訳し写真や図表は割愛した。

　写真や図表は「水案内　（ウランバートル市：水道管理局）」原文を参照。

　筆者は2013年9月2日にウランバートル市の水源地「中央水源地」と「中央下水道処理施設」をウランバートル市の職員の案内で現地調査させて頂いた。

　「中央水源地」は、ウランバートル市の上水道の水源地は市内の南側を流れるトーラ川の河川敷に四つの水源があり175本の井戸から日量給水可能水量は約24万m^3の伏流水を採取している。上流には「上流水源」があり、市内近郊には「中央水源」、「工業水源」、「精肉工場水源」を有する。

　現地調査させて頂いた「中央水源地」はウランバートル市の主力水源で見渡す限り草原が続き地平線を見るほどに広く、その広さは341.2haを有する。日本の大阪空港（伊丹）の敷地面積が317haで、関西国際空港の敷地面積が510haである。この敷地面積から見れば「中央水源地」が如何に広大であるかが分かる。その水源地を厳重な警備体制のもとに敷地内は全て金網等の柵で囲われており、山羊や羊などの野生の動物、そして人間も侵入不可能な状況にある。モンゴル軍（国境警備隊）によって管理されている。

　「中央下水処理施設」は1964年に設置された。当初は一日45000立方メートルの排水を受け取り、機械方式で45パーセントまで処理していた。現在の中央下水処理施設は、一日15万〜17万立方メートルの排水を引き受け、機械方式と化学方式で処理し紫外線で消毒し処理して自然界に戻している。72パーセントまで水分を抜き取り、保存場所で乾燥させている。この中央下水処理場の特長は、市内の企業の排水（下水）と一般家庭からの排水（下水）を併せて処理されていた。

　この中央下水処理場を調査させて頂いた、第一印象は全てが老朽化の施設であり、設備はメンテナンスを施しながら何とか維持している感じを受けた。そして施設内は鼻を刺すような悪臭が漂っていた。この施設が造られてから49年が経っていることもあり、諸般の事情により近代的な設備や技術が遅れたものと考えられる。その例として中央下水処理場は15万m^3〜17万m^3/日の処理能力があるが、日増しに増加する排水を処理しきれない状況にある。早急に近代的設備の充実が求められる。

　資料では、トーラ川と表記したが、トール川とも称される。

（佐藤　寛）

【著者紹介】
佐藤　寛（さとう　ひろし）
1953年生まれ
現　在：中央学院大学現代教養学部教授
国際学博士（横浜市立大学）
中央学院大学卒業、電気通信大学大学院情報システム研究科修士課程修了、横浜市立大学大学院国際文化研究科博士課程修了、中央学院大学社会システム研究所長（2009年4月～）、中央学院大学現代教養学部長（2016年12月～）、放送大学非常勤講師
主　著：『川と地域再生―利根川と最上川流域の町の再生』（共著）丸善プラネット（2007）、『水循環健全化対策の基礎研究―計画・評価・協働―』（共著）成文堂（2014）『水循環保全再生政策の動向―利根川流域圏内における研究―』（共著）成文堂（2015）その他論文多数

【資料翻訳】
バヤスガラン・オユンツェツェグ（Bayasgalan Oyuntsetseg）
1974年生まれ
現　在：モンゴル人文大学国際関係・社会学部講師
教育学博士（日本大学）
モンゴル国立大学大学院国際関係学部修士課程修了、日本大学大学院文学研究科教育学専攻博士課程修了

モンゴル国の環境と水資源
――ウランバートル市の水事情――

2017年3月30日　　初　版第1刷発行

著　著　佐　藤　　　寛
発行者　阿　部　成　一

〒162-0041　東京都新宿区早稲田鶴巻町514
発行所　株式会社　成　文　堂
電話 03(3203)9201(代)　FAX 03(3203)9206
http://www.seibundoh.co.jp

製版・印刷・製本　シナノ印刷　　　　　　　検印省略

©2017　H. Sato　printed in Japan
☆乱丁・落丁本はおとりかえいたします☆
ISBN978-4-7923-8078-6　C3036
定価（本体2600円＋税）